発生生物学
生物はどのように形づくられるか

Lewis Wolpert 著

大内 淑代・野地 澄晴 訳

SCIENCE PALETTE

丸善出版

Developmental Biology

A Very Short Introduction

by

Lewis Wolpert

Copyright © Lewis Wolpert 2011

All rights reserved. No part of this book may be reproduced or transmitted in any form or by any means, electronic or mechanical, including photocopying, recording or by any information storage retrieval system, without the prior written permission of the copyright owner.

"Developmental Biology: A Very Short Introduction" was originally published in English in 2011. This translation is published by arrangement with Oxford University Press.
Japanese Copyright © 2013 by Maruzen Publishing Co., Ltd.
本書は Oxford University Press の正式翻訳許可を得たものである．

Printed in Japan

訳者まえがき

「あなたも昔はたった1個の細胞だったのです．」と言われても，その記憶はないであろう．私たちは，カエルの1個の卵がオタマジャクシになり，変態してカエルになることは知っている．そして私たちヒトも，1個の卵と1匹の精子によりできた受精卵から発生・分化し，成長して成人になることを頭では理解していても，その実感はないであろう．それは，卵から胎児になり，新生児として誕生するまで，母親の胎内で成長するからであり，その様子を私たちは見ることはないからである．

ヒトの体は約60兆個の細胞から形成されており，この60兆個の細胞は，もともと1個の受精卵が分裂を繰り返してできたものである．たった1個の細胞からどのようにしてヒトの身体が形成されるのだろうか？ その謎を解く学問が発生生物学である．ヒトのどの組織・器官をとっても非常に精巧にできているが，それを誰かが作製したわけではなく，遺伝情報をもとにでき上がることは，まさに奇跡的である．たとえば，眼と脳について考えてみよう．入ってくる光を電気信号に変換し，それを脳に送るとそこで「画像」ができる．し

かも，その画像を脳が勝手に判断して，次の行動を決定し，記憶すべきことと忘れ去ることを仕分けしているのである．このような高度な機能をもった組織・器官がいったいどのようにして，1個の細胞から形成されるのであろうか？ 実は，その答えはまだほとんど得られていないが，10年前から比較すればさまざまなことが急速に解明されてきている．この学問の最前線は，新しい発見と驚きの絶えない世界であり，その世界を紹介したのが本書である．

　本書は，英国の著名な発生生物学者であるルイス・ウォルパート博士が執筆した発生生物学の入門書である．発生生物学の最近の成果からわかってきた最も驚くべきことは，「地球上の生物において，どれほど姿，形が多様であろうと，発生に使用している遺伝子セットは共通である」ということである．たとえば，大きな生物としてゾウが，一方で小さな生物として昆虫が存在するが，これら二つの動物の何が異なり，形や大きさの異なった生物ができるのであろうか？ 少なくとも，これまでの研究から類推して，ゾウも昆虫もその形をつくるために利用している遺伝子のセットは同じはずである．では，何が異なるであろうか？ それは，「その遺伝子セットの使い方」なのである．遺伝子のことを知らない読者にとっては，何のことなのかさっぱりわからないかもしれない．そこで，学問的に正確ではないが，わかりやすい比喩を紹介する．生物の身体をつくることを木造の家を建てることにたとえてみる．設計図に従ってさまざまなデザインの家が建てられるが，どんな家も素材はおもに木であり，家を建てるために使用する道具セット，たとえば，ノコギリ，金

槌，ねじ回しなどの大部分も共通である．異なった家ができるのは，設計図が異なり，道具の使用法が異なるからである．生物の身体も同じで，進化の過程で生まれてきた設計図がゲノム DNA の中にあり，その生物をつくるための素材や道具（遺伝子）は同じで，その使い方（遺伝子の発現調節）が異なるのである．このことは，進化の過程を考えれば納得できる．つまり，原始的な生物は，もともと数少ない遺伝子を用いて身体をつくっていたが，その遺伝子を増幅し，改変しながら新しい生物ができてきたので，まったく新しい遺伝子はほとんど導入されていない．したがって，共通の祖先から進化した昆虫やゾウも共通の祖先が使用していた遺伝子セットを利用して身体をつくっているので，素材も道具も同じなのである．ヒトも例外ではない．

もう一つの驚くべきことは，ヒトの遺伝子は約 2 万数千個あるが，その遺伝子には階層があることである．これも会社組織でたとえると，社長の遺伝子，部長の遺伝子，課長の遺伝子のように階層がある．たとえば，眼をつくるときには，眼をつくる社長の遺伝子があり，それが部下に眼をつくるように命令すれば，その命令に従って部下が働き，眼が形成されるのである．手ができる領域において，間違えて眼をつくる社長に指示が出ると，手に眼ができることになる．実際，昆虫では脚に眼が付いた個体が作製されている．

本書の内容は，もちろん，山中伸弥博士が発明した iPS 細胞にも関係している．iPS 細胞は，発生・分化した細胞から，まだ分化していない細胞に人工的に逆戻りさせた細胞である．本書は，ここで紹介した生物の発生のメカニズムの重

要な概念を含め，基本をわかりやすく解説しているので，是非一読をお勧めしたい．あなたがそこにいるのは，実は奇跡的であることがわかるであろう．

　本書の出版にあたって，丸善出版株式会社の米田裕美氏をはじめ企画・編集部の方々に助けていただいた．この場を借りてお礼を申し上げる．

2013 年 6 月

大内　淑代・野地　澄晴

目 次

序　章　1
1　細　胞　13
2　脊椎動物　23
3　無脊椎動物と植物　35
4　形態形成　53
5　生殖細胞と性　67
6　細胞分化と幹細胞　81
7　器　官　101
8　神　経　系　121
9　増殖, がん, 老化　133
10　再　生　147
11　進　化　157

用　語　集　171
参考文献　173
図の出典　175
索　引　177

序　章

　ヒトの成人の体は約60兆個の細胞からなるが，そのはじまりは，受精卵というたった一つの細胞であった．受精卵はピリオドの点（・）よりも小さく，直径は10分の1ミリメートルである．その細胞から発生して私たちヒトができることは驚くべきことである（図1）．卵は，人間に発生するためのすべての情報をもっているのである．その発生のメカニズムについては，近年かなり理解されてきてはいるが，まだ多くの不明な点が残っている．

　卵は細胞分裂して細胞の数を増やし，単なる細胞の塊からたとえばヒトの構造を形成していくが，その過程でできるものは「胚(はい)」とよばれている．胚の中で行われていることは，非常に長い間解明されていなかった．胚の発生を初めて科学的に理解しようとしたのは，紀元前5世紀ギリシャのヒポクラテスであった．その時代の考えを反映して，彼は，熱，湿

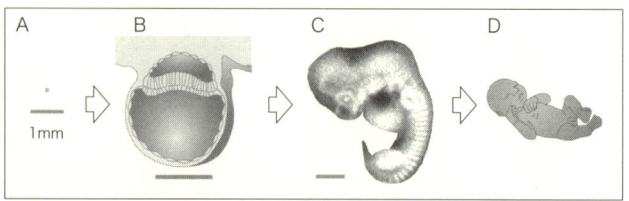

図1 ヒトの発生過程．受精卵(A)→2細胞→4細胞→8細胞→…とても多くの細胞→空洞ができる(B)→原腸陥入→…→手や足や頭などができていく(C)→誕生(D)．

気，凝固を用いて発生を説明しようとした．約1世紀後に，ギリシャの哲学者アリストテレスが発生についての考え方を提案した．それは19世紀の終わりまで多くの学説を支配することになった．彼は二つの可能性を考えた．一つは，「胚は，たとえばヒトのミニチュアであり，最初からすべてでき上がっており，単に発生の間，それがより大きくなる」との考えであった．もう一つは，こちらを彼は支持したのだが，「新しい構造がしだいに生じた」ということであり，そのプロセスを後成説と称した．彼は発生のプロセスを「編み物作製」のプロセスにたとえた．彼の考えは，17世紀まで優勢であったが，その後は，逆の考え，つまり「胚は最初から形ができている」が支持された．多くの人々は，物理的あるいは化学的な力により，胚から私たちヒトのような生物を形成することができると信じることができなかった．世界の生きとし生ける物は神が創造したと信じるとともに，すべての胚も世界のはじまりから存在してきたと確信しており，19世紀の終わりに生物学が大きく進歩するまで，その問題は解決されなかった．つまり，胚を含む生き物が細胞により構成さ

れており，胚が単細胞の卵から発生し，成体のすべての細胞は，受精卵からの分裂の繰り返しによってできたと認識されるまで，未解決であった．もう一つ大きな前進といえるのは，ドイツの生物学者アウグスト・ワイスマンにより，「親の特徴は生殖細胞の卵と精子だけから遺伝し，生まれた後に獲得した特徴は子孫に遺伝されない」という提案がなされたことであった．その後，生物のさまざまな振る舞いはタンパク質の機能によるものであり，どのようなタンパク質をつくるべきかは「遺伝子」にDNAの配列情報として書き込まれていることがわかった．

　発生生物学における一つの大きな問題提起が，100年以上前，ハンス・ドリーシュの実験によってなされた．ウニ胚が最初に分裂した後に二つの細胞を切り離しても，それぞれから，小さいが正常な幼生が発生したのである（図2）．この初期胚は，「大きさが変化しても同じパターンになる」という国旗様の性質をもっていたのである（図25参照）．それは，「調節」として知られている発生のプロセスが存在することを初めて明白に実証したのである．**調節**とは胚が発生の非常に早期に，たとえいくつかの部分が除去されるか，再編成されても，正常に発生することができる能力のことである．この現象の存在から，初期の段階では細胞の運命が決まっていないことがわかったのである．初期胚が本来より小さくとも正常に発生する能力を備えていることは，初期胚が二つに分かれて生まれる人間の一卵性双生児にも当てはまる．

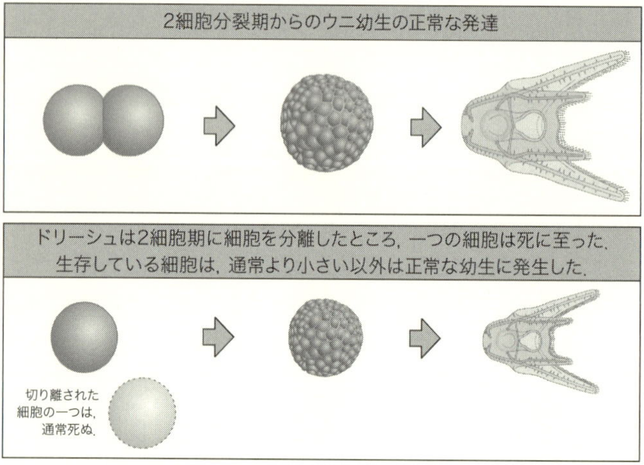

図2 ドリーシュのウニ胚の実験．これにより，調節の現象が最初に示された．2細胞分裂期に細胞を分離すると，一つの細胞は死ぬが，残りの細胞は小さくても，全体として正常な幼生胚になる．

　胚が発生を調整することができるという事実は，細胞は，互いに相互作用しなければならないことを示しているが，胚発生の細胞−細胞間の相互作用の最も重要な点については，「誘導」の現象が発見されて，初めて本当に理解された．**誘導**は，一つの細胞グループが隣接する細胞または組織の発生を指揮する領域で生じる現象である．誘導や細胞−細胞間の相互作用が発生においていかに重要であるかは，ハンス・シュペーマンと彼の助手のヒルデ・マンゴールドの両生類を用いた有名な移植実験により，1924年に劇的に証明された．彼らは，初期イモリ胚の一つの小さい領域を切り取って，同じ段階にまで発生が進んでいる別の胚に埋め込めば，埋め込

んだ場所に第2の胚が部分的ではあるが誘導できることを示した．胚の別の部分を切り取って埋め込んでも同様の現象は生じないので，そこには特殊な能力があると考えられた．その部分はシュペーマン・オーガナイザーとして，現在知られている．

多細胞生物が受精卵から発生できることは，進化の輝かしい成功事例である．ヒトの受精卵は分裂し，数百万個の細胞を生じ，それは眼，腕，心臓，脳のように複雑で多様な構造を形成する．この驚くべきできごとには，まだ多数の疑問が残っている．たとえば，受精卵の分裂から生じる細胞は，どのようにそれぞれ異なったものになるか？　それらはたとえば肢と脳のような構造にどのように組織化されるか？　何が個々の細胞の反応を制御し，非常に組織化されたパターンを生み出すのか？　発生の組織化の原理が，卵や，特に遺伝子にどのように組み込まれているのか？　今日の発生生物学において，タンパク質がこのような発生の過程をいかに誘導しているか理解が進んできた．それにつれ，多くの驚くべき事実が得られている．何千もの遺伝子が，どのようなタンパク質を，どの場所で，どのタイミングでつくるかを適切に決定することによって，発生を制御しているのである．

発生生物学の研究を行う目的の一つは，私たちヒトの発生を理解することである．それにより，なぜ時に発生が異常になるのか，なぜ時に胎児は生まれないのか，あるいはなぜ時に乳児は異常をもって生まれるのかを理解することができ

る．薬や感染症のような環境要因が異常な発生を引き起こすように，遺伝子の突然変異も異常を引き起こす．発生生物学に関連した医学研究としては，傷害が生じた組織や器官を修復するために，どのような細胞を使用すればよいかを見つける研究である．最近ではiPS細胞を用いた研究が発展している，再生医療の分野である．再生医療では，現在，**幹細胞**と**iPS細胞**に焦点が当てられている．体を構成している多くの細胞には運命があって，通常その運命を逆戻りはできないが，幹細胞とiPS細胞は，増殖して，異なる組織の一部に発生するというような，胚細胞のもつ多くの能力をもっている．

胚の発生を集中的に研究するために，比較的少ない数の動物が選択されているが，それらが実験的な操作や遺伝的分析に適していたからである．発生生物学では，アフリカツメガエル (*Xenopus laevis*)，線虫 (*Caenorhabditis elegans*)，キイロショウジョウバエ (*Drosophila melanogaster*)，ゼブラフィッシュ，ニワトリ，マウスがおもに使用されてきた．同様に，アブラナ（シロイヌナズナ *Arabidopsis thaliana*）を用いて，植物発生の特徴が多く発見された．生物には共通性と多様性があるので，一つの生物で発生のプロセスを理解することで，他の類似のプロセスの解明を助けることが可能になる．たとえば，ハエの初期発生を制御している遺伝子の同定により，ヒトを含む脊椎動物の発生において，同様の場面で使われている関連遺伝子が発見された．それぞれには，発生のモデルとしてその利点と不利な点がある．ハエは，遺伝学

のすばらしいモデル生物である．卵生のカエルとニワトリは，胚の外科的処置に強く，母親の胎内で発生する哺乳類とは異なり，受精卵から発生して形ができていく経過を観察でき，各発生段階で外から実験的に手を加えることが容易にできる．ニワトリ胚は胚発生の多くの過程が哺乳類の発生過程と非常に類似しているし，胚操作をするのがより容易である．単に卵殻に窓を開けるだけで多様な観察ができるし，さらに胚を卵の外で培養することもできる．マウスの発生は視界から隠されており，異なる発生ステージで胚を取り出すことによってしか，発生過程を追うことができない．それにもかかわらず，マウスは，哺乳類の発生のためのおもなモデル生物であり，ヒトゲノムの後で完全なゲノム塩基配列が決定された最初の哺乳類として，広く遺伝学的研究に利用されている．ゼブラフィッシュは，脊椎動物のモデル生物として最近新たに加わった．多数の個体を容易に繁殖させることができ，胚は透明で，細胞分裂と組織運動を直接観察でき，遺伝学的な研究の発展に大きく貢献する可能性がある．線虫の細胞数は959と決まっており，一定の細胞数をもつことに大きな長所がある．そのため，最初の1個の細胞からはじまり，分裂した各々の細胞の発生を追跡することができる．

脊椎動物の発生の主要な特徴を図示するために，カエルの例を示した（図3）．未受精卵は，多くの卵黄を含んでいる大きな細胞である．精子と卵の受精の後に，雄核（精子由来の核）および雌核（卵由来の核）が融合し，その後，細胞分裂が開始する．最初は1個の細胞が分割されていくので，**卵**

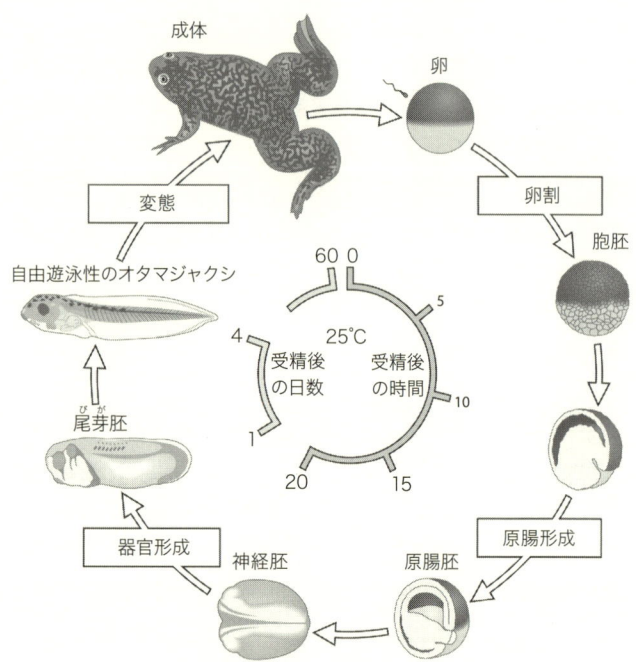

図3 アフリカツメガエル（*Xenopus laevis*）のライフサイクル．

割とよばれている．卵割後に細胞は成長しないので，連続した卵割により一つひとつの細胞はどんどん小さくなる．約12回の分割サイクルの後，胚の表面に多くの小細胞が集まり，中にはより大きな卵黄細胞があり，その周りは液体で満たされている．これは，胞胚として知られ，表面の細胞は三つの胚葉——外胚葉，内胚葉，中胚葉——を形成する（図4）．卵の上側の領域は，外胚葉になり，皮膚の表皮と神経系の両方を形成する．内胚葉は，腸などの器官になり，中胚葉

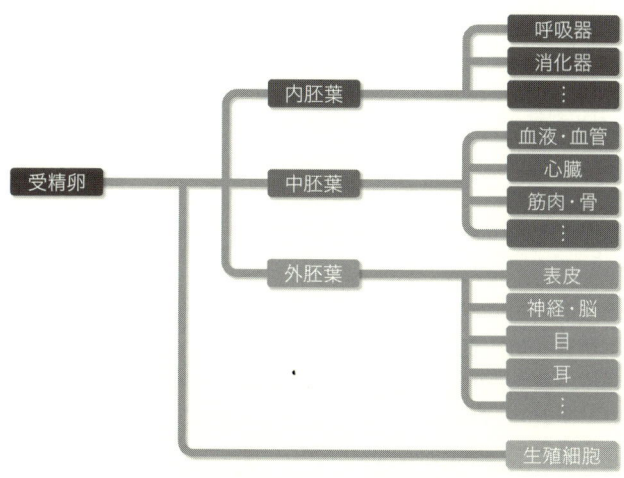

図4 三つの胚葉とそれから形成される器官.

は骨格のような内部構造になる. 次の発生段階では, 細胞たちの位置関係がガラリと変わる大移動が起こり, 3次元の構造が確立される. この段階を**原腸形成**とよび, 細胞の劇的な再編成が生じる. 内胚葉と中胚葉は原口として知られている小さい領域を通って中に移動し, 外胚葉は外側に残る. こうして, オタマジャクシの基本的なボディプラン（体全体のデザイン）が確立される.

内部では, 中胚葉が棒状構造である脊索になり, 頭部から尾部まで伸びる. その後に脊索の上方に神経系が発生するが, その後, 脊索は消失する. 脊索の両側に体節とよばれる中胚葉の塊が分節化し, それが筋肉と脊柱になる. 原腸形成の直後に, 脊索より上の外胚葉は, 巻き込まれて, 閉じた管

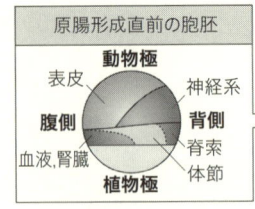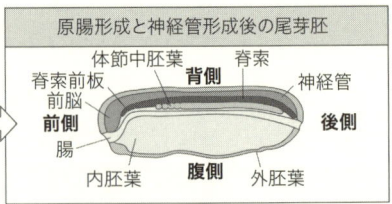

図5 カエル胞胚の予定運命図と尾芽胚で形成される構造との対応．原腸形成と神経管形成の後，胚は伸びて，オタマジャクシの形状になりはじめる．

状構造として神経管が形成され，脳と脊髄に分化する．この過程は**神経管形成**として知られている．このときまでに，四肢や眼などの器官は，それらが将来形成される位置が決定され，直後の器官形成期に発生する．器官形成の間，筋肉，軟骨と神経を構成する特殊な細胞に分化する．48時間以内に，胚は脊椎動物の典型的な特徴をもつオタマジャクシになる．

　胞胚の段階で，胚の予定運命図を作成することができる(図5)．これは，胞胚のさまざまな領域が後にどのような組織や器官になるかについて示している．予定運命図は，胞胚の段階で細胞を標識して，その後の発生を追うことにより作成された．図からわかるように，内胚葉のように，体内の領域になる場合は，原腸形成の間に，胚の外側から内側に移動する．多くの細胞の運命はこの段階では決定されておらず，別の領域に移動した場合，それらの新しい位置に依存して細胞は発生するであろう．しかし，時間とともにそれらの運命は限定される．通常なら眼を生じる原腸胚の領域を，少し後のステージである神経胚の体幹領域に移植すると，移植片は

その新しい位置を代表する構造，たとえば脊索や体節を形成する．しかしながら，神経胚の眼の領域を体幹領域に移植しても，すでに運命が限定されているため，眼様の構造に発生する．胚の一部を除去しても，あるいは同じ胚の異なる部分を移植しても，脊椎動物の初期胚にはかなりの調節能力があり，正常に発生できる．これは，初期ステージではかなりの可塑性があり，実際に決定される細胞の発生運命は，隣接する細胞から受け取るシグナルにかなり依存していることを意味している．

第1章

細　胞

　発生は細胞の協調した振る舞いに依存し，その振る舞いは細胞がもっているタンパク質によりほぼ完全に決定されている．胚の一つひとつの細胞は小さく，細胞膜によって囲まれており，細胞膜はどんな分子が細胞内に出入りできるかを決定している．細胞内部には，ミトコンドリアのような膜で囲まれた小さい構造が多数存在し，細胞のエネルギーが産生されている．細胞核には染色体が含まれ，染色体はタンパク質をコードする**遺伝子**の実体である DNA を含んでいる．私たちヒトは約 2 万 5000 個の遺伝子をもっている．

　タンパク質は，20 種類の異なるアミノ酸サブユニットの長い鎖である．それらの配列は，酵素や筋タンパク質などの形状と機能を決定する．各 DNA 鎖はヌクレオチドとして知られている 4 種類の異なるサブユニットがつながってできている．DNA は，タンパク質をコードしている．遺伝子とよ

ばれる DNA の領域に,タンパク質のアミノ酸配列がコードされている.このシステムは,アルファベットの文字を点と線で表現するモールス信号のようになっている.DNA ヌクレオチドの配列は,三つセットで一つのアミノ酸に対応し,タンパク質のアミノ酸配列に対応している.一つのアミノ酸のための三つの塩基の並びをコドンとよんでいる.遺伝子が活性化されると,その DNA 配列は仲介分子であるメッセンジャー RNA(mRNA)にまず転写され,アミノ酸ごとにコドンを使用して,タンパク質を合成するための鋳型(テンプレート)として使われる.mRNA の情報からタンパク質ができる過程を翻訳とよび,したがって,タンパク質ができるまでの情報の流れは,DNA →(転写)→ mRNA →(翻訳)→ タンパク質となる.

遺伝子が mRNA に転写されるかどうかは,特別なタンパク質である**転写因子**が,DNA の特定の塩基配列の領域に結合するかどうかに依存している(図6).転写因子が結合する DNA の領域を**調節領域**とよんでいる.これらの調節領域は,タンパク質をコードしておらず,転写因子がその認識部位で結合する領域と,DNA から mRNA を転写するタンパク質機械である RNA 合成酵素が結合する領域とがある.調節領域はコード領域の近くに存在する場合もあるが,遠く離れて存在する場合もある.正しい転写因子が正しい調節領域に結合した場合だけ,遺伝子を転写することができる.調節領域が活性化されている限り,遺伝子は活性化され,スイッチが入ったままとなる.これらの調節領域の重要性は,どれだ

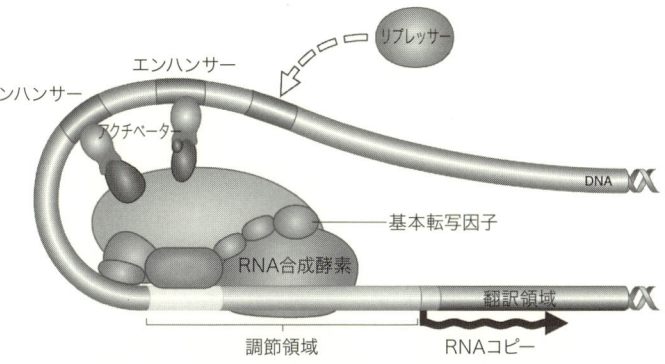

図6 遺伝子の転写は，RNA合成酵素によって行われる．転写は，コード領域の近く，または離れた位置にあるエンハンサーなどの調節領域にタンパク質（転写因子）が結合することによって制御されている．

け強調しても，強調しすぎることはない．一つの遺伝子が産生する転写因子は，他の遺伝子を活性化することができ，すでに活性化されている遺伝子のはたらきを止めることさえできる．これにより，遺伝子間の相互作用のネットワークが形成される．そのネットワークにより，どのような細胞になるかが決まり，細胞の振る舞いとその時間に伴う変化が決定される．なかには，タンパク質をコードしておらず，マイクロRNAをコードしている遺伝子もある．マイクロRNAは小さいRNA分子で，特定のmRNAのタンパク質への翻訳を邪魔する．

DNAのヌクレオチド配列の変化は**突然変異**とよばれ，遺伝子のコード領域に生じた場合は，コードしているタンパク質のアミノ酸の配列が変化することがある．突然変異によ

り，タンパク質の折りたたまれ方が変わり，機能に変化が生じ，その性質が変わって不完全なタンパク質ができることがある．それにより細胞の振る舞いに非常に良い結果，あるいは逆に深刻な悪い結果がもたらされることがある．卵または精子で生じる突然変異では，タンパク質の機能変化が次世代に伝えられるので，進化の基盤となる．DNAの調節領域における突然変異も，いつ，どの細胞で遺伝子が活性化され，タンパク質に翻訳されるかに変化が生じるので，細胞の振る舞いに影響を及ぼすことがある．

　発生に関連するおもなプロセスは，**パターン形成**，つまり**形態形成**であり，形態の変化が生じ，細胞分化により異なるタイプの細胞が発生し，増殖することである．これらのプロセスは細胞に存在するタンパク質により決まる細胞の振る舞いに関係している．遺伝子はタンパク質がどこで，いつ合成されるかを制御することによって，細胞の振る舞いを制御しているので，遺伝子の機能と発生のプロセスは，細胞の振る舞いを通じてつながるのである．細胞が何をするかは，含まれるタンパク質によっておもに決定されている．たとえば，赤血球はヘモグロビンというタンパク質により酸素を輸送することができる．脊椎動物の腸の内側を覆っている細胞は，特殊な消化酵素を分泌する．これらの活動には，特殊なタンパク質が必要である．したがって，それらは，ハウスキーピング活動，つまり細胞の生存を維持し，機能するすべての細胞に共通な活動には関与していない．ハウスキーピング活動には，細胞の活動を維持するのに必要な分子の合成や分解に

関与している代謝経路とエネルギーの産生などが含まれている．発生においては，細胞に個性を与えるタンパク質や，細胞が胚発生に必要な活動をできるようにするタンパク質におもに関心が寄せられる．発生にかかわる遺伝子は，通常，細胞の振る舞いの調節に関連するタンパク質をコードしている．

　胚発生のためのすべての情報は，受精卵の中に含まれている．それでは，この情報がどのように解釈されて，胚ができるのであろうか？　DNAは，でき上がる生物の完全な未来図を含んでいるのか？　それは，生物の青写真なのか？　答えは，「いいえ」である．その代わり受精卵は，さまざまなタンパク質がどこで，いつ合成されるかを決定し，さらに細胞がどのように振る舞うかを制御して，生物をつくるための指示プログラムである「形成法のプログラム」をもっている．青写真や設計図のような描写的プログラムは対象を詳細に記述するものだが，一方，形成法のプログラムは対象をどのように作製するかについて記述している．同じものをつくるにしても，描写的プログラムと形成法のプログラムは非常に異なる．たとえば，折り紙を考えてみよう．紙をさまざまな方向に折りたたむことによって，1枚のシートから帽子や鳥をつくることはごく簡単である．その作製の方法であるが，平らな紙に鳥の翼や脚になる領域など最終的な形を詳細に記述しても，それをどのようにつくり上げるかを説明するための助けにはならず，実際にそれを見て作製することは非常に困難である．折り紙で鶴を作製する方法を示すための非

常に有用で簡単な方法は，紙をどのように折るかを指示することである．折りたたみについての単純な指示により複雑な空間的成果が得られるからである．発生において遺伝子が行うことは，細胞に一連の出来事を同じように引き起こして，胚に大きな変化をもたらすことができる．したがって，「折り紙」の折りたたみの指示に相当する遺伝情報が受精卵においても存在していると考えられ，この「形成法のプログラム」に従って特定の構造がつくられる．

細胞は，ある意味では胚自体より複雑である．何千もの異なるタンパク質とそれらの多くのコピーが胚の大部分の細胞にある．個々の細胞の中で生じるタンパク質とDNAの間の相互作用のネットワークはより多くの構成要素を含んでいるので，発生している胚の細胞間の相互作用よりさらに非常に複雑である．あなたが想像する以上に，あるいは想像を絶するほどはるかに細胞は巧妙である．発生に関係する細胞の基本的な活動は，たとえば外部のシグナルにどのように応答するか，二つに分裂するとか，移動するとかは，タンパク質間の複雑な相互作用の結果である．すなわち，多くの異なったタンパク質が細胞内で集団として存在し，時間経過とともに，また細胞内の存在部位により，その組成を変化させている．

興味ある一つの問題は，全ゲノムのどれくらいの遺伝子が発生に関与する遺伝子であるか，つまり，胚発生に特異的に必要とされる遺伝子はどのくらいであるか，である．これを

見積もるのは簡単ではない．線虫において，少なくとも50の特異的な遺伝子が，産卵口として知られている小さい生殖構造を決定するために必要である．これは，同時期に活性がある何千もの遺伝子と比較して，非常に少ない．それらのいくつかは，生命を維持するために必要であるという点で，発生にとって必須であるが，それらは発生の過程に影響する情報をまったく，あるいはほとんどもっていない．ある研究によると，2万の遺伝子をもつ生物において，遺伝子の約10％が発生に直接関与しているらしい．

発生生物学の大きな目的は，遺伝子がどのように胚発生を制御するかについて理解することであり，それには，生物のもつ何千もの遺伝子の中で，どの遺伝子が発生を決定的に，特異的に制御しているかを最初に同定しなければならない．一般にまず行うことは，発生を変える突然変異体を作製し，そこから遺伝子を同定することである．多くのモデル生物において，X線や化学的処理によりランダムな突然変異を起こさせ，興味深い発生の変化が起きている個体を探すことで，形づくりにおける多くの突然変異体を集めることができた．そして，得られた突然変異体ではDNAのどの部分が変化しているかをそれぞれ調べることにより，発生に関与する多くの遺伝子を特定した．最新の遺伝学的，生物情報学的技術を利用して突然変異体を解析し，多くの発生に関する遺伝子が特定された．モデル生物からわかった発生関連の遺伝子は，DNA配列を直接比較することにより，ヒトの発生関連の遺伝子を同定する際にも非常に役立った．双生児の研究も一役

かった．一卵性双生児は同一の遺伝子セットをもつにもかかわらず，子宮からの環境効果のため，かなり異なって発生し，成長するにつれて年齢とともに差異がより明白になる傾向がある．

　初期胚に含まれる細胞の運命は，他の細胞からのシグナル（情報を伝える物質）によって決定される．ほとんどのシグナルは，細胞に実際には入らない．大部分のシグナルは，ある細胞によって分泌されたタンパク質の形で細胞外の空間（細胞外スペース）を介して伝達され，他の細胞により感知される．細胞は，表面にある分子によって，直接それぞれのシグナルと相互作用する．通常，シグナルは細胞膜にある受容体タンパク質によって受け取られ，その後，細胞の中の情報伝達タンパク質を通してリレーされ，通常，遺伝子発現をオンかオフに切り換えることにより細胞が応答する．このプロセスは，**シグナル伝達**として知られている．これらの経路は非常に複雑である．雨が降るとき，男性の頭上で自動的に傘が開くリレー機構を描いたルーブ・ゴールドバーグの漫画（図7）に似ている．雨は最初に，干したプラムを膨張させ，ライターを発火させ，ロウソクに火を付け，やかんの水を沸かし，その蒸気で汽笛が鳴り，その音でサルが驚いてブランコに飛び乗ると，風船の糸が切れて，鳥カゴが空いて，鳥が逃げるときに傘が開く仕組みになっている．シグナル伝達経路は複雑であり，同じ信号でも異なる細胞に対しては異なる効果を及ぼすことができるので，細胞が発生するにつれて，応答を変えることができる．

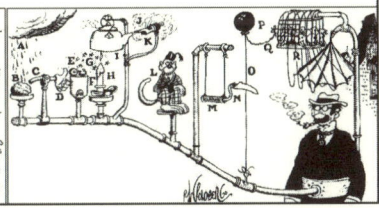

図7　ルーブ・ゴールドバーグの漫画.

　細胞が特定のシグナルにどのように応答するかは，細胞の内部状態に依存し，その状態は，細胞の発生の歴史を反映している．細胞は記憶力がよく，歴史を覚えている．したがって，異なる細胞は，同じ信号を受けても非常に異なる方向に反応することができる．だから，同じ信号を，発生中の胚で何度も使用できるのである．したがって，シグナルタンパク質はむしろ種類が少ない．

　分子生物学と遺伝学の技術は，ここ数十年の間に発生生物学の研究に革命をもたらした．そのアプローチでは，特定の発生過程に関与するすべての遺伝子を特定することもでき

第1章 細胞　　21

る．特定の組織で，または発生の特定の段階で発現しているすべての遺伝子を同定することが今や可能である．一つひとつの遺伝子発現をゲノム全体にわたって一挙に調べられる技術が発達したためである．この技術により，何千もの遺伝子のmRNAへの転写量を同時に計量することも可能になった．他にも，コンピュータの高性能化により顕微鏡の映像技術が著しく進歩し，多くの色の蛍光物質を使えるようになった．それらの技術により，生きている胚や移植片を追跡して動画としてとらえることが可能になった．

第2章

脊椎動物

　すべての脊椎動物は，表面的には多くの差異があるにもかかわらず，類似した基本的なボディプランをもっている．たとえば，分節した背骨すなわち脊髄を囲んでいる脊柱をもつこと，骨か軟骨でできた頭蓋骨に囲まれている脳が頭端にあることなどである．これらの特徴は，前後軸の前端に頭部をもつこととしてまとめられる．脊椎動物の体には，背側から腹側へ背腹軸があり，背側に沿って脊髄があり腹側にはそれを特徴付ける口がある．前後軸および背腹軸が決まると，動物の左右の側が決定される．脊椎動物は背側の正中部において，一般的に左右相称性で，外見では右側と左側が互いに鏡像である．しかし，心臓や肝臓のように，非対称に配置されている臓器もある．胚において，これらの軸がいかにして決定されるかが，重要な問題となる．

　脊椎動物の胚の発生段階はどれも大まかには似ているが，

軸がいつどのように形成されるか，胚がどのようにでき上がっていくかは部分的に異なる．卵黄には，魚類，両生類，爬虫類，鳥類，そして，カモノハシのような希少な産卵哺乳類の発生に必要なすべての栄養分が含まれている．対照的に，大部分の哺乳類の卵は小さく，卵黄がなく，胚は母体の中で液体に囲まれて最初の数日間成長する．哺乳類の胚は，胚を囲んで保護する特殊な外膜を発達させ，それを通して胎盤を経て母体から栄養を受け取る．

受精の後，卵は卵割として知られる細胞分裂を何回も行い，カエルでは球状の胞胚を形成する．その胞胚の中の一部は空洞になっている．一方，ニワトリや哺乳類において，対応する構造は一部空洞の球体でなく，**エピブラスト（胚盤葉上層）**とよばれる細胞の層になる．エピブラストは，原腸形成の間に3層構造（外胚葉，中胚葉，内胚葉）になる．

これはニワトリの発生に見ることができる．初期のニワトリ胚は大きい卵黄の上に横たわる平板の細胞，エピブラストとして発生する．大きな卵黄をもつニワトリ卵細胞は受精すると，雌鳥の輸卵管の中にまだ存在している間から，細胞分裂をはじめる．20時間かけて輸卵管を通過する間，卵は卵白と卵殻によって囲まれる．産卵時には，胚を構成する細胞数は約2万〜6万になる．

哺乳類の卵はニワトリやカエルの卵より非常に小さく，卵黄を含まない．未受精卵は卵巣から輸卵管に放出されて，外

部保護被膜によって囲まれる．輸卵管で受精し，卵割がスタートする．マウス卵は軸の位置がはっきりしない．マウスの初期発生では，高度な調節機構が働くため，母性決定因子（受精以前から卵内に存在する，細胞の分化を決める物質）が重要であるとは考えられない．初期の卵割により，栄養外胚葉と内部細胞塊という二つの異なった細胞グループになる（図8）．栄養外胚葉は，胎盤のような胚体外構造になり，それを通して母親から栄養を得る．一方，本来の胚は内部細胞塊から発生する．内部細胞塊の細胞は**多能性**であり，胚の中のすべての細胞タイプになることができる．後で述べるように，内部細胞塊の細胞は分離でき，培養により増殖できるので，多能性の**胚性幹細胞（ES細胞）**を作製することができる．

ヒトを含む哺乳類の胚で，まれに，原腸形成の前に胚が二つに分離する現象が起こることがある．このとき，一卵性双生児が発生する．ちょうどドリーシュの実験（図2参照）のように，正常な大きさの半分でも，調節がはたらき，正常に発生することができる．これは初期胚に優れた能力があることを示している．一つの初期胚から，人間が二人発生する可能性がある点からも，胚の段階で一人の人間として考えるべきでない，ということが明らかである．

脊椎動物の胚でどのように前後軸や背腹軸が形成されるのだろうか？　さらに，それらの軸はすでに卵において存在しているのか，あるいは後で決定されるのだろうか？　軸の決

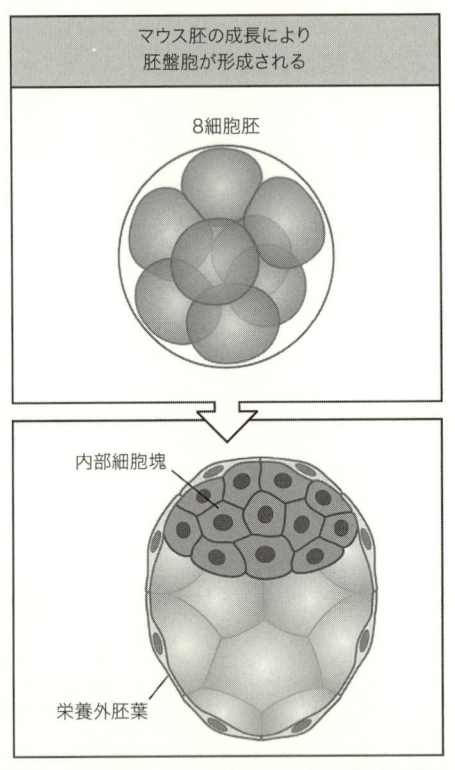

図8 マウス胚で卵割が進むと，上皮性の層である栄養外胚葉の内部に内部細胞塊を生じる．

定は，カエルでもゼブラフィッシュでも最も初期に生じ，卵に存在する母性因子の制御下においてのみ決定される．カエル卵は，受精する前に，すでに明確な軸をもっている．卵の上半分の領域は色のついた動物極であるが，一方大部分の卵黄はその反対側の，色素をもたない極（植物極）にある．こ

れらの差により，動物‑植物軸が定義される．動物‑植物軸に関する球形の対称性は，卵が受精するとき壊れる．精子侵入は，胚の背腹軸を決定する一連の出来事の引き金となり，精子侵入点とほぼ逆の位置が背側となる．カエル胞胚の背側の植物極側領域で発生する最初のシグナル発生部位は，胞胚オーガナイザーまたはニューコープ・センターとして知られ，胞胚で最初に背腹軸形成のきっかけをつくる場所である．ニワトリでは，初期胚が雌鳥の子宮に到達する前に，輸卵管を回転しながら通過する間に重力により前後軸が決定される．哺乳類では，受精卵の間か発生初期に，軸や極性が現れる兆候がないので，その後の段階で未知のメカニズムによって決定されるのであろう．

ニワトリ胚の前後軸形成の最初の兆候は，エピブラスト後端の三日月形の小さな細胞の隆起である．そこでは，決まった遺伝子が活性化され，細胞が内側に移動するための原条がどこで形成されるかを決定している．原条は細胞の密集した領域として，最初に見えるようになる．それから狭い溝として前方に徐々に広がる．エピブラストの半分をちょうど越えたあたりに伸びる．原腸形成の間に，エピブラストの細胞は原条に収束し，溝を通って内部へ移動し，内側で前方と側方に広がっていく（図9）．原条を通って下に動く細胞は，中胚葉と内胚葉を形成し，エピブラストの表面に残る細胞は外胚葉を形成する．原条の前端に，ヘンゼン結節として知られている細胞の一群がある．これは，ニワトリ初期胚の要となる形成中心（オーガナイジング・センター）であり，両生

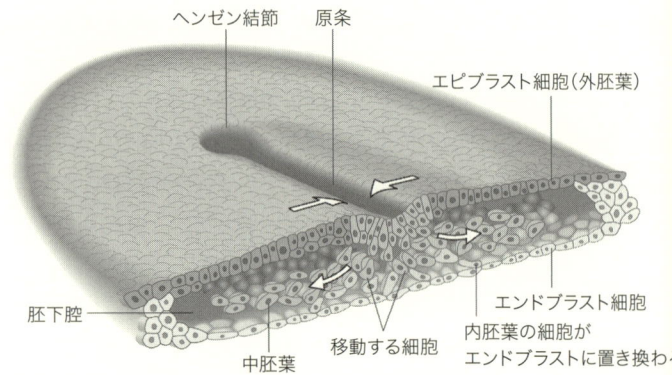

図9 ニワトリ胚における原腸形成．エピブラスト（胚盤葉上層）の細胞は原条に収束して，その中を移動する．そして，内胚葉と中胚葉になっていく．エピブラストの残りの細胞は，外胚葉を形成する．

類におけるシュペーマン・オーガナイザーと同じものである．形成中心を別の初期胚に移植すると，新しい原条を誘導することができる．エピブラストを切断して四つの領域に分けることができるが，それぞれが原条を形成し，正常な胚になる．これは非常に印象的な「調節」の例である．

　原条が伸びてその全長に達した後に，ヘンゼン結節は胚の後端のほうに動き，原条は消失しはじめる．ヘンゼン結節が消失するにつれて，その跡に脊索が形成され，脊索の両側の中胚葉は体節の形成を開始する（図10）．ニワトリでは，最初の一対の体節は産卵後約24時間後に形成され，新しい体節が90分ごとに形成される．後にそれらは脊柱や体の筋肉になる．脊索が形成されるにつれ，将来の脳や脊髄となる神経管が，カエルと同様の方法により，その上方に発生する（図

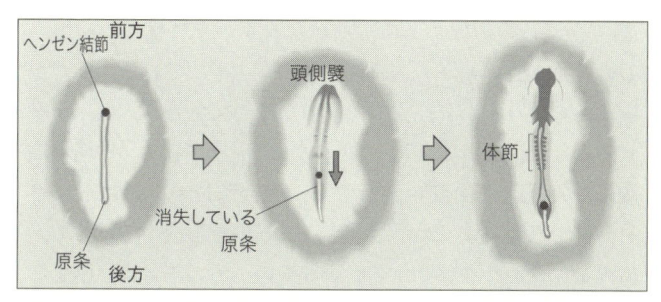

図10 ヘンゼン結節が後側に移動するに従い，ニワトリ胚の体節が形成される．

11）．

原腸形成の後に神経管が形成され，初期胚では後に中枢神経系となる部分ができる．神経管形成の最初の兆候は，神経

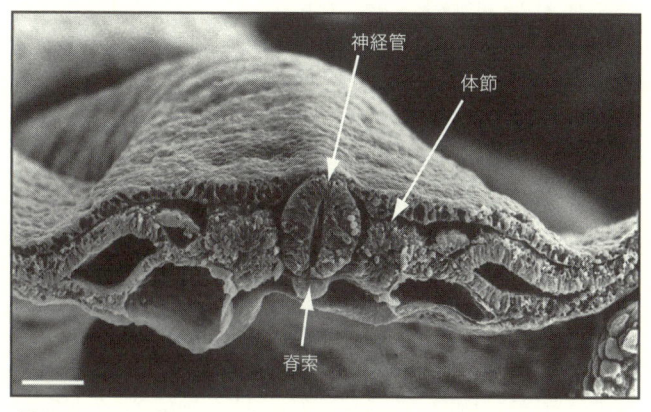

図11 ニワトリ胚における初期の体節と神経管．神経管（中心）の両側に体節があり，下方に脊索がある．

褶(ひだ)の形成である．それは脊索の上に横たわっている外胚葉細胞の領域である神経板の端で形成される．ひだが両側から盛り上がり，正中で折り重なって融合し，包み込まれるような形で，表皮の下に神経管が形成される．神経堤細胞は，神経管の上部から分離し，融合部位の両側に形成され，後でわかるように，さまざまな構造を形成するために，体の全体にわたり移動する．神経管の前方の部分は，脳を形成する．脳より後方では，脊索の上にある神経管は脊髄になる．胚はオタマジャクシに似ており，脊椎動物のおもな特徴を認めることができる．前端で，脳は多くの領域にすでに分割され，眼と耳が形成されはじめる．

では，左と右はどのように確立されるのだろうか？　脊椎動物では，眼，耳，四肢などの多くの構造は体の正中に対して左右対称であるが，大部分の内臓は非対称である．マウスとヒトにおいて，たとえば，心臓は左側にあり，右の肺には左より多くの肺葉があり，胃と脾臓は左側にあり，肝臓の大半は右側にある．器官のこのような左右の偏りは多くのヒトで共通しているが，1万人に一人で，左右の完全な鏡像反転，つまり内臓逆位として知られている状態になる．そのような人々は，すべての器官が逆転していても，通常，表立った症状は現れない．

左右軸の決定は，胚の他の軸決定とは根本的に異なり，前後軸と背腹軸が確立された後でのみ，左右軸が意味をもつことになる．前後軸か背腹軸のどちらかが逆転すると，左右軸

も逆転する．それは，鏡をのぞくと背腹軸は逆転し，左右が逆になるのと同じ理由である．左右対称性が最初に破れるメカニズムは，まだ完全には理解されていないが，それ以降の器官の非対称配置がどのように引き起こされるかは，より詳しく理解されている．マウス胚では，線毛細胞のはたらきによる，胚の正中線を横断する細胞外液の「左側」への流れが，左右軸の確立に関連する遺伝子の非対称な発現を誘導することに必要である．

中胚葉の前後のパターン形成は，脊柱を形成する体節の違いを見ると，最も明らかになる．発生過程で形成される脊索は，その周辺が石灰化して脊柱（背骨）になる．脊柱は脊椎動物の体幹の中軸をなす骨格であり，脊柱を構成する個々の骨を脊椎骨とよんでいる．個々の脊椎骨には，軸に沿ったその位置に依存して明確な解剖学的特徴があるからである．前方から順にたどると，最前部の脊柱は頭蓋骨の付着部と関節のために特殊化されている．そして頸部の脊柱，肋骨を支える脊柱，腰部の脊柱と続き，最後に，仙椎および尾部の領域の脊柱から構成されている．体軸に沿った骨格のパターン形成は，軸に沿った位置価（体軸座標系での座標）をもつ体節細胞に基づいて行われ，その位置価は，体節細胞のその後の発生過程も決定している．

体節は前後軸に沿って明確な順序で形成され，脊柱を含む体幹の骨と軟骨，骨格筋，体の背側の皮膚の真皮を形成する．脊椎骨は，たとえば，脊柱に沿って異なる位置で特徴的

な形状をもっている.体節は脊索の両側に一つあり,一対ずつ形成される.体節形成は,前体節中胚葉(体節として分節する前の中胚葉)で内部「時計」によっておもに決定される.この「時計」は,遺伝子発現の周期的サイクルにより特徴付けられ,ニワトリ胚では,90分の周期でその発現が後から前方へと移動する.

前後軸に沿った位置に依存した細胞の個性を定義するのは *Hox* **遺伝子**であり,ハエで最初に同定された.*Hox* 遺伝子は,ホメオボックス遺伝子の大ファミリーのメンバーで,発生の多くの局面に関係し,動物において発生の遺伝子が幅広い種で保存されていることを示す最も顕著な例である.ホメオボックスという名前は,一つの領域を他に変換することを意味するホメオティックな変換をもたらす遺伝子の能力に由来している.大部分の脊椎動物には,四つの異なる染色体上に *Hox* 遺伝子の連なった部分(クラスター)がある.昆虫と脊椎動物における *Hox* 遺伝子発現の非常に興味深い特徴は,染色体上での連なっている遺伝子の順番に,胚においても同じ順番で前後軸に沿って遺伝子が発現し,また,時間的にも同じ順番で発現することである.*Hox* クラスターの一端の遺伝子は頭部領域で発現され,一方,他端の遺伝子は尾部領域で発現される.これは,発生におけるユニークな特徴である.つまり,染色体上での遺伝子の空間的配置が胚での空間的発現パターンに対応する唯一の既知の例である.*Hox* 遺伝子は,体節と隣接した中胚葉に位置価を付与し,その位置価はその後の発生過程を決定する.それらの発現パターンを

変えると，形態学的な変化が生じる．たとえば *Hox3d* 遺伝子の欠失したマウスでは，1番目か2番目の脊椎骨に構造的欠陥がある．それは，通常ならば *Hox3d* 遺伝子がこの部位で強く発現しているからである．

現在では，発生過程に関連するすべての遺伝子を特定することができる．これらの遺伝子の各々がどのように発生を制御するかについて理解するために，発生に影響を及ぼす特定の突然変異遺伝子をもつマウス系統が，現在では比較的日常的に生産されている．このように遺伝子を変えられた動物は，**トランスジェニック動物**として知られている．トランスジェニックマウスを作製するため，現在では二つの主要な技術が使われている．一つは，受精したばかりの卵の雄性前核（精子の核と卵の核が融合する前の精子の核）に，必要な遺伝子と必要な発現制御領域をもつDNAを注入する方法である．トランスジェニックマウスを作製するためのより新しい技術は，マウス初期胚の内部細胞塊から細胞を取って培養し，突然変異を導入する方法である．後でわかるように，これらの細胞は多能性で，胚性幹細胞（ES細胞）として知られている．初期のマウス胚（胚盤胞）の腔にES細胞を注入すると，内部細胞塊に組み込まれ，胚のすべての組織の一部になり，生殖細胞にさえなり得る．特定の突然変異をもつトランスジェニックマウスを作製するためには，目的の変異を導入したES細胞をつくって培養し，それをマウス初期胚に注入すればよいのである．カエルとニワトリ胚では，そのような突然変異を人工的に起こすことができないので[*1]，遺伝

子サイレンシング法という技術を用いる．また，モルホリノ・アンチセンス RNA という，特異的な mRNA と相補的になるように設計した分子を胚の細胞に注入すると，それらはまさに標的 mRNA と結合し，目的のタンパク質が翻訳されないようにできる．

(*訳注 1) 最近は，人工核酸分解酵素を用いたゲノム編集法により，遺伝子ノックアウトが可能になっている．

第3章
無脊椎動物と植物

ショウジョウバエ

　ショウジョウバエ（*Drosophila melanogaster*）の発生を理解することは，脊椎動物を含む他の生物の発生を理解するうえで非常に有用であった．私たちヒトの発生メカニズムは，想像以上にハエに似ている．ハエの発生を制御する遺伝子の多くは，脊椎動物ももっており，実際多くの他の動物で発生を制御している遺伝子と類似している．進化において，動物の体の上手な発生の仕方が一度見つかると，若干の重要な改変をしながらも，何度も何度も同じメカニズムと分子を使い回す傾向があるようだ．

　ハエの発生に関する多数の突然変異から，初期発生に関する私たちの現在の知識が得られ，また発生を理解する上で鍵となる洞察を提供してくれた．その洞察は，初期胚のパターン形成に影響を及ぼしている突然変異について，ハエのゲノ

ムを系統的に調べるスクリーニング計画の大成功により得られたものである．その成果が認められ，1995年にノーベル賞が授与された．

　受精し，精子と卵の核が融合した後，融合核では，9分に1回の急速な一連の複製と分裂が生じるが，大部分の胚とは異なり，核を分離させるための細胞質の分裂と細胞膜の形成は起こらない．12回の核分裂の結果，細胞膜のすぐ下の層におよそ6000の核が存在することになる．胚は多くの核をもつが，基本的に単細胞のままである．この段階で初期のパターン形成が生じる．その後まもなく，膜が成長して表面から核を囲み，単一の細胞層を形成する．すべての将来の組織は，生殖系列細胞を除いて，この単一細胞層から生じる．

　昆虫の体は左右対称で，2本の異なるほぼ独立した軸，前後軸と背腹軸がある．これらの軸は互いに直角で，ハエ卵ですでに部分的に準備されている．体軸は非常に初期の胚において，完全に確立され，パターンが形成される．前後軸に沿って，胚は多くの体節に分けられ，その体節は幼虫の頭部，胸部と腹部になる．均一に間隔を置いて配置された一連の溝は，ほぼ同時に形成され，擬体節の境界になる．擬体節はその後に幼虫と成体の体節を形成する．幼虫の14擬体節のうち，3体節は頭部の口器，3体節は胸部の領域，8体節は腹部になる．ハエの幼虫は，翅も脚もないが，これらの器官や他の器官は，後ほど，ホルモンによって幼虫に変態が誘発され，成虫になるときに形成される．詳細は後で述べる．これ

らの構造は成虫原基として幼虫にすでに存在している．それが形成されたときは，それぞれ約40個の細胞からなる小さいシートにすぎない．

ショウジョウバエの研究は100年以上の歴史があり，昆虫では最もよく研究されている．ショウジョウバエの発生は，卵内の前部から後部の軸に沿ったビコイドというタンパク質の勾配によってはじまる．この勾配は，この軸に沿った形態形成のために必要な位置情報を提供する．ビコイドは転写因子で，**モルフォゲン（形原）**としてはたらく．モルフォゲン分子の異なる閾値濃度で特定の遺伝子が活性化され，それによって遺伝子発現の新しいパターンが軸に沿って生じる．ビコイドは，ハンチバックという遺伝子が前方で発現されるよう誘導する（図12）．というのは，ビコイドが特定の閾値濃度を上回って存在する場所でのみ，ハンチバック遺伝子が活性化されるからである．そして，ハンチバック遺伝子が発現してタンパク質となり，今度はハンチバックタンパク質が，また別の遺伝子の前後軸に沿った発現を引き起こすのである．

背腹軸は，類似のメカニズムによって，前後軸を指定するものとは異なる母性効果因子のセットにより形成される．胚の最初の背腹軸の組織化は，前後軸に直角に生じる．胚は，ドーサルという母性効果因子の分布に基づいて，背腹軸に沿ってはじめに四つの領域に分けることができる．ドーサルは腹側から背側へと勾配を形成している．それが遺伝子発現に

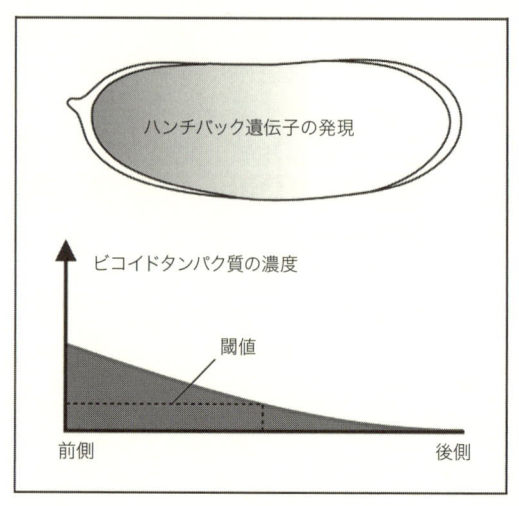

図12 母性因子ビコイドタンパク質の勾配は，閾値レベル以上の濃度でハンチバック遺伝子を活性化する．

対し効果を与えることで，背腹軸は明確な領域に分割される．核内におけるドーサル濃度が最高となっている最も腹側の領域では，将来中胚葉となる細胞として腹部にバンド状に存在し，原腸形成により胚の内部に移動する．

このようにして，胚は前後軸に沿って多くの体節（擬体節）に分けられ，ハエの胚の体節形成における基本単位となる．一度，各擬体節が区切られると，特定の遺伝子セットの管理下で，独立した発生単位として振る舞う．最初，擬体節は相互に類似しているが，しばらくすると *Hox* 遺伝子の作用により，それぞれの個性をもつことになる．どのように，それぞれの擬体節は特徴付けられていくのであろうか？　実

は，それらはペアルール遺伝子群の作用により決定される．ペアルール遺伝子は，7本の縞模様のように胚に沿って発現するが，その縞は一つおきの擬体節と対応している．ペアルールタンパク質を染色することによりペアルール遺伝子発現を可視化すると，顕著な横縞模様が胚に現れる．一見して，この種のパターン形成は，何か周期的な遺伝子発現がもとになっているように見える，たとえば，化学物質の波のような濃度変化があり，波のそれぞれの頂上に縞が対応している可能性が考えられる．しかし驚くべきことに，各縞は独立に，初期に形成されたタンパク質のパターンによって特定されることが発見された．図13において一つの例として，3本目のストライプを指定しているペアルール遺伝子であるイーブン-スキップト2が，どのように発現されるかを示している．つまり，ペアルール遺伝子には複雑な調節領域があり，異なる転写因子の結合部位が複数ある．ペアルール遺伝子の調節領域を調べると，7つの別々の領域があり，各々が異なる縞の位置を制御していることがわかる．これは，複雑なパターンが，遺伝子発現調節領域と，それらと結合するタンパク質との相互作用によりいかにして形成されるかを示す優れたモデルである．

擬体節は幼虫の体節，後には成虫のハエの体節を形成する．各体節の表皮は，異なる型の表皮細胞の帯としてパターンを形成しているだけでなく，各細胞が個々に前後の極性をもっており，たとえば，成虫のハエの腹部の毛と剛毛がすべて後方に向いていることでわかる．このタイプの細胞極性

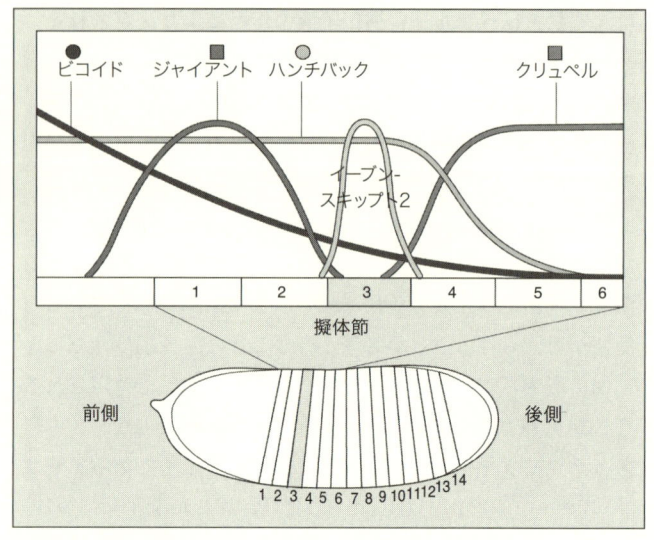

図13 擬体節3の縞には，イーブン-スキップト2が発現している．タンパク質ビコイドとハンチバックはイーブン-スキップト2遺伝子を活性化し，逆にジャイアントとクリュペルはそれを抑制するために，このような発現パターンとなる．

は，平面細胞極性とよばれている．

　ハエにおける各体節の細胞には個性があり，幼虫において最も簡単に見られるものは，表面の小歯状突起（とがった突起）の特徴的パターンである．何によって，体節がそれぞれ異なっていくのであろうか？　それらの細胞の個性は*Hox*遺伝子によって特定される．脊椎動物では，すでに述べたように，*Hox*遺伝子が位置に基づく細胞の個性を決めるが，このことはハエで最初に発見された．体節の細胞の個性を特定

するような遺伝子が存在するという最初の証拠は，ホメオティックな変異をもっている驚くべきハエの突然変異，たとえば触角が脚に変化するような，一つの体節が他の体節に変換するような突然変異から得られた．ハエにおいて，*Hox* 遺伝子は，一つの染色体に乗っている．脊椎動物について述べたように，前後軸に沿った遺伝子発現の順序は，染色体に並ぶ遺伝子の順序と一致している．体に沿った脚のような付属器の部位は，*Hox* 遺伝子で決定される．

線 虫

多くの無脊椎動物の初期胚は，ハエや脊椎動物よりはるかに少数の細胞から構成されており，各細胞は発生の初期で固有の個性を獲得している．たとえば，ハエでは原腸形成がはじまるとき数千個の細胞で構成されているのに対し，線虫では 28 個の細胞だけである．発生様式には，古風な区別ではあるが，いわゆる調節的発生とモザイク的発生様式とがある．前者はおもに細胞-細胞の相互作用により発生するが，後者は二つの娘細胞に分裂する場合，細胞内の局所的に存在する因子とそれらの非対称な分布に基づいて発生する．モザイク的発生において，因子は卵内のある領域に局在している．線虫の特徴は，細胞運命が，「細胞から細胞へ」を基礎として多くの場合に決定され，個々の細胞が互いに影響しないモザイク的発生をすることであり，モルフォゲンの勾配によって確立される位置情報に通常は依存しない．「細胞から細胞」を基礎とする運命決定には，非対称な細胞分裂と，細胞質因子の不均一な分布が多くの場合に利用されている（図

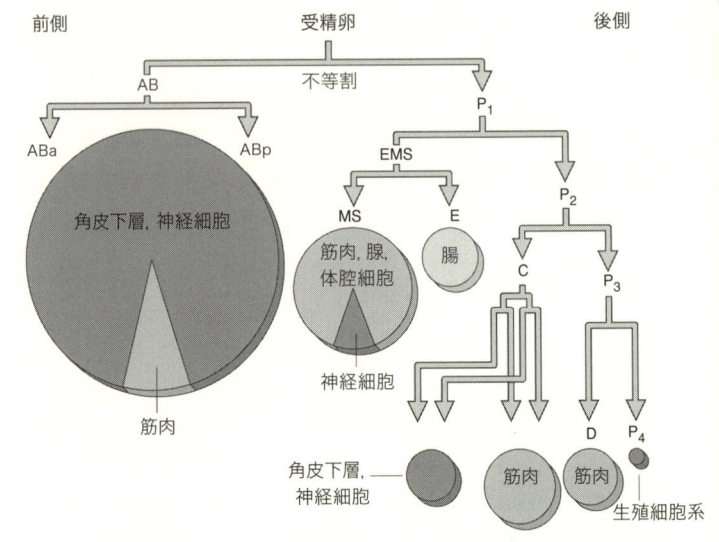

図14 線虫（*Caenorhabditis elegans*）の初期胚の細胞系譜．角皮下層は，外層の一部である．

14)．しかし，発生初期段階で非対称な細胞分裂することは，これらの生物において細胞-細胞相互作用が存在しないか重要でないことを，必ずしも意味していない．

土壌に住む線虫（*Caenorhabditis elegans*）は，発生生物学の重要なモデル生物である．その利点は遺伝学的な解析に向いていること，細胞数が少なくそれらの運命があらかじめ決まっていること（細胞系譜が固定されていること），胚が透明なことである．透明であれば，各細胞の行方を観察することができる．線虫の研究により，器官発生とプログラム細胞

死（アポトーシス）の遺伝子による制御に関して鍵となる発見があり，ノーベル賞が授与された．

　線虫におけるあらゆる細胞の完全な系譜が決定されたことは，直接観察の賜物である．細胞分裂のパターンはほとんど変化しないので，個体によるばらつきがほとんどない．幼虫は，孵化するときには558個の細胞から構成されており，4回脱皮すると959個まで増加する．なお，生殖細胞は例外で，細胞数はまちまちである．959個は，卵から分裂してきた全細胞数ではない．131個の細胞が発生の間に，プログラム細胞死，つまりアポトーシス（細胞自殺）をする．この点については，後で詳細に議論する．各ステージのあらゆる細胞の運命が知られているので，どんなステージについても予定運命図を正確に描くことができ，これはどのような脊椎動物でも達成できない精度である．しかしながら，どんなに正確な予定運命図をもってしても，この精度では，細胞系譜が完全に運命を決定するとか，細胞の運命を変えられないとかを暗に意味しているわけではない．後でわかるように，細胞間の相互作用が，線虫で細胞運命を決定する際に主要な役割を担っている．

　発生に影響を及ぼす遺伝子は約1700種類ほど同定されているが，線虫の発生に関係する多くの遺伝子は，ハエや他の動物で発生を制御する遺伝子に関連している．それらは情報伝達タンパク質と *Hox* 遺伝子を含んでいる．受精前の線虫の卵に非対称性があることを示すいかなる証拠もないが，精

子侵入により受精卵に前後の極性が設定され、最初の卵割の位置が決定される。最初の卵割は非対称で、前後軸を決定する。具体的には、前側 AB 細胞と、より小さい後側の P_1 の細胞になる。受精卵の極性の存在は、最初の卵割の前にわかる。すなわち、マイクロフィラメントのキャップは将来の前端で形成され、母性 mRNA を含む P 顆粒とタンパク質は生殖系列細胞の発生に必要であるが、顆粒の集団は将来の後端に局在し、そこに P_1 細胞が形成される。

線虫における細胞分化は、細胞分裂のパターンと密接に関連がある。各細胞は、一連の卵割により、細胞を前側と後側の娘細胞に分けていく。細胞の運命は、最終的に分化した細胞が各分裂において前側または後側のどちらの細胞に由来するかで、決定されているように見える。線虫では非常に決定的な細胞系譜があるにもかかわらず、背腹軸の決定には細胞-細胞相互作用が関与している。

発生は時間とともに刻々と変化するが、その変化が生じるタイミングがどのように決定されるかについては、十分理解されていない。その意味で、次の例は有意義である。線虫の発生のタイミングはマイクロ RNA の遺伝子により制御されていることがわかっている。マイクロ RNA は、短い RNA 分子でタンパク質をコードしておらず、他の mRNA の発現を変えることができる。胚発生により 558 個の細胞からなる幼虫ができるが、成体になる前に、四つの幼虫のステージがある。発生している線虫の各細胞は、系譜と位置によって特

定できるので,発生中のある時間に個々の細胞の運命を制御する遺伝子もまた,特定することができる.幼虫のステージで発生過程のタイミングを変える突然変異が発見され,この過程はマイクロRNAにより制御されていることがわかった.この遺伝子が変異すると,発生が遅れるか早まるかの,どちらかの表現型が現れる.発生過程のタイミングは,何らかの物質の濃度を制御する遺伝子のはたらきによると考えられている.

植物の発生

植物細胞には堅い細胞壁があるので,動物の細胞と異なり移動することができない.したがって,植物の発生は,細胞分裂の方向性,パターン,細胞の大きさの増加におもに依存している.動物の発生とは異なるにもかかわらず,植物発生における細胞の運命決定のおもな方法は類似している.つまり,位置を示すシグナルと細胞間の情報交換の組み合わせによって決定されている.細胞外シグナルと細胞表面の相互作用によって情報交換するだけでなく,植物細胞は原形質連絡として知られている細胞質のチャネルによって相互につながっている.それは転写因子のようなタンパク質が細胞から細胞へ直接動くことを可能にしている.

花は花弁やめしべなどで構成されているが,それらの配置は遺伝子発現により決定され,遺伝子発現の空間的なパターンを決める論理は,動物において体軸に沿ってパターン化する際に利用されている *Hox* 遺伝子の論理に類似している.

しかし，関連する遺伝子はまったく異なっている．植物の発生過程における動物との一般的な違いの一つは，大部分の発生が胚でなく，植物の成長中に生じるということである．動物の胚とは異なり，種の中で成熟した植物胚は，成長した植物の単なるミニチュアではない．植物のシュート（茎の周りに葉がある構造のこと），根，茎，葉と花の成体のすべての構造は，成体の植物の**メリステム（幹細胞を含む分裂組織）**として知られている未分化細胞群が局在している領域から形成される．

　胚で確立されるメリステムは二つあり，一つは根の先端で，もう一つはシュートの先端にある．これらは植物成体でも残っており，ほとんどすべての他のメリステム，たとえば，発生している葉や花ができるシュートの中にあるメリステムは，この二つのどちらかに由来している．メリステムの中の細胞は，繰り返し分裂することができ，どんな植物組織や器官になることもできる潜在的な能力がある．植物と動物の細胞の間のもう一つの重要な違いは，生殖能力のある完全な植物が，受精卵からではなく，分化した一つの体細胞を出発点として，発生することができることである．つまり，動物成体の分化した細胞とは異なり，植物成体の中の分化した細胞は全能性を維持しており，動物の胚性幹細胞のように振る舞うことを示唆している．

　小さいアブラナ科の雑草シロイヌナズナは，遺伝学的，発生学的な研究のためのモデル植物である．シロイヌナズナに

は2セットの染色体があり，約2万7000のタンパク質をコードした遺伝子をもつ．それは一年生植物，つまり成長した最初の年に開花する植物で，小さくて地面に放射状に広がった葉が形成される．そこから，花の茎が伸び，その先に頭花となる花序が形成される．シロイヌナズナは急速に発生することができて，実験室の条件での全ライフサイクルは6〜8週間である．すべての花を付ける植物と同様に，突然変異の株と系統は，種子の形で大量にしかも容易に貯蔵できる．

受精後，胚は胚珠（はいしゅ）の中で発生する．胚珠とは，花の中で雌の生殖細胞をつくり，それを包含する構造体である．約2週間かけて成熟した種をつくり，植物から放出される．種子は成長を休止しているが，ある適切な外界の条件になると，発芽が誘導される．発芽とは種子からシュートと根が伸びることである．いったんシュートが地面より上に現れたら，日光からのエネルギーを使用して，二酸化炭素から炭素化合物をつくる光合成のために，メリステムの頂で最初の葉を形成する．発芽後約4日目に，幼苗（ようびょう）は自立した植物となる．発芽の3〜4週間後には，若い植物において花芽が見えるようになり，1週間以内に開花する．

胚発生の間，植物体において頂端-基底軸として知られている根-シュートの極性が確立され，シュートと根のメリステムが形成される．シロイヌナズナ胚の発生は，決まったパターンで細胞分裂する．最初の分裂は，長軸に直角で，頂端細胞と基底細胞に分かれて，植物の頂端-基底軸の最初の極

第3章　無脊椎動物と植物　　47

性を確立することになる．次の分裂により，およそ32細胞の胚が形成される（図15）．胚は伸び，子葉（種子内で形成される葉）は翼様の構造として一端で発生をスタートし，幼根が他端で形成される．この段階は，心臓型ステージとして知られている．連続した分裂ができるシュート頂端メリステムは，この軸の各先端にある．一方，軸の反対側の端に根が形成され，子葉の間に存在しているものはシュートを形成する．幼根と将来のシュートとの間の領域は，幼苗の茎となり，胚軸とよばれる．根以外のほとんどすべての成体植物構造は，頂端メリステムに由来する．

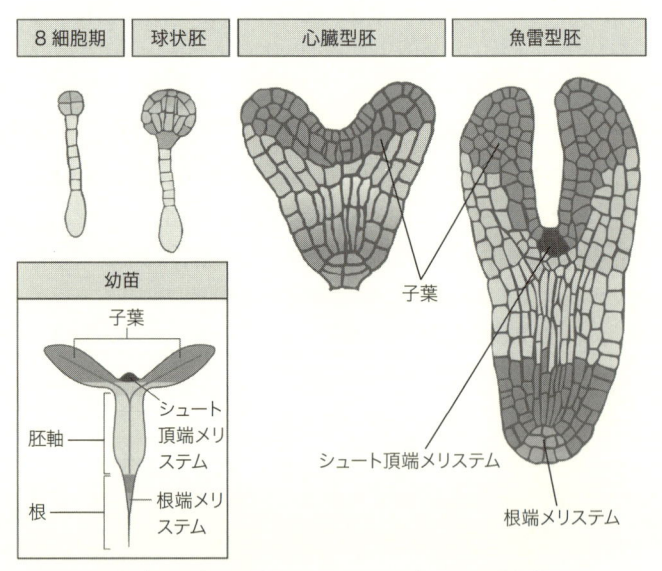

図15　幼苗（挿入図）を形成するシロイヌナズナ胚の予定運命図．

小さい有機分子であるオーキシンは，植物の発生と成長に最も重要な，どこにでも存在する化学シグナルの一つである．オーキシンは，遺伝子発現の変化を引き起こす．場合によっては，オーキシンはモルフォゲンとして作用し，濃度勾配を形成する．勾配における細胞の位置に依存して運命が異なるようである．シロイヌナズナにおいて，最も初期に知られているオーキシンの機能は，胚発生のまさしくその最初のステージおける頂端–基底軸の決定である．最初の分裂の直後に，オーキシンは基底細胞から頂端細胞に能動的に輸送され，そこに蓄積される．オーキシンは頂端細胞を指定するために必要であり，シュート頂端メリステムを誘導する．以降の細胞分裂を通して，胚が約32個の細胞になるまでオーキシンの輸送は続けられる．それから，胚の頂端細胞はオーキシンを合成しはじめ，オーキシンの輸送方向は急に逆転する．

　メリステムには，自己複製する幹細胞で構成される小さい中心帯がある．メリステム幹細胞は，形成中心（オーガナイジング・センター）をつくる中心帯の下にある細胞によって，自己複製できる状態に維持されている．それは，幹細胞に特性を与える微小環境であり，形成中心によって維持されている．形成中心の細胞は，タンパク質ウーシェルを発現している．ウーシェルは，ホメオボックス転写因子で，その上に位置する細胞に幹細胞の性質を与える信号を出すために必要である．細胞はメリステムの周辺を残して，メリステムの先端でゆっくり分裂し，自己複製する幹細胞の小さい中心帯

が葉や花のような器官に置き換えられる．植物の幹細胞は，動物の幹細胞と同様に振る舞う．それらは分裂して，幹細胞として残る娘細胞と，植物組織を形成する細胞とになる．幹細胞として残った娘細胞たちは分裂を続け，その子孫は分裂組織の周辺へ移動する．そこで，メリステムから離れて新しい器官のための生成細胞になって分化する．

　大部分のシロイヌナズナ胚のシュート頂端メリステムは，最初の6枚の葉を誘導し，一方，すべての頭状花を含むシュートの残りは，メリステムの中心にある非常に少数の胚細胞に由来する．葉は，シュート頂端メリステムの周辺領域にある創始細胞（根を生み出す細胞）のグループから発生する．葉になる構造では，将来の葉に関する2本の新しい軸が確立される．遠近軸（葉の基部から葉の先端へ）と，上部表面から下部表面への軸である．シュートが成長するにつれて，葉は定期的に，決まった間隔でメリステムの中で生まれる．葉は植物に依存して，種々の方向にシュートに沿って配置され，特定の配置は葉序として知られている．一般的な配置は，一枚の葉が茎の上にらせん状になる配置で，シュートの頂端ではっきりしたらせんのパターンを時々形成する．葉がらせん状に位置する植物において，葉の新しい原基（葉原基）は，メリステムの中心領域の外側で，最初に利用できる空間の中心で，先に形成された原基より上側に形成される．このパターンから，葉の配置を決めるメカニズムが，側方抑制に基づいていると考えられる．つまり，各々の葉の原基は，ある所定の距離の範囲内で新しい葉の形成を阻害してい

ると考えられる．

　根のメリステムの細胞は，シュート頂端メリステムの細胞とは異なった方法で組織化され，むしろ型にはまった細胞分裂のパターンがほとんどである．根のメリステムは，シュート頂端のメリステムのように形成中心から構成されているが，根の静止中心とよばれている．そこにおいては，細胞はごくまれに分裂するだけで，根の組織を生じる幹細胞様の細胞によって囲まれている．静止中心は，メリステムの機能にとって不可欠なものである．オーキシンは成長する根のパターン形成において鍵となる役割を果たし，静止中心においてオーキシンの濃度が最高となるよう，安定に維持されている．

　花の発生は，器官形成の章において説明する．

第4章

形態形成

　すべての動物胚は，初期発生の間に，すなわち原腸形成期に形が劇的に変化する．原腸形成は，1枚の2次元の細胞を複雑な3次元の動物の体に変えるプロセスであり，細胞層の広範囲な再編成と，ある位置から別の位置への方向付けされた細胞の移動が関与している．もしパターン形成を絵に描くことにたとえるなら，形態形成は，無定形の粘土をはっきりした形につくり上げることに似ている．

　形の変化は，おもに細胞の力学的応答によって起こるもので，細胞の変形や移動を起こさせるだけの力を必要とする．動物胚の形の変化に関連する二つの鍵となる細胞の性質は，細胞収縮性と細胞接着性である．細胞の一部の収縮は，細胞の形状を変えることができる．細胞形態の変化は，細胞骨格，つまり線維性タンパク質（フィラメント）でできた細胞内タンパク質骨格によって発生する力によって生じる．動物

の細胞は、細胞表面タンパク質を介した相互作用により、互いに接着し、それらを囲む外部の支持組織（細胞外マトリックス）に接着している。したがって、細胞表面の接着タンパク質の変化により、細胞−細胞の接着の強さとその特異性を決定することができる。これらの接着性の相互作用は、細胞の挙動に関与する細胞膜の表面張力に影響を及ぼす。細胞は、収縮することで移動することもできる。それに加えて、細胞の膨張をもたらす静水圧も、形態形成の際にはたらく力である。これは特に植物ではたらくが、動物の胚発生のいくつかの場面でもかかわっている。植物では、細胞運動や細胞の形の変化はないので、形の変化は方向性をもった細胞分裂や細胞の膨張によって生じる。細胞分裂は動物の形状の変化においても、鍵となる役割を果たす。

　局所的な収縮は、細胞の形を変えることができ、結果的に細胞シート（薄い細胞層）の変形を誘導する。たとえば、胚発生でよく見られる特徴である細胞シートの折りたたみは、細胞の形の局所的な変化によって生じる（図16）。細胞の一方の側の収縮により、細胞はくさび状の形になる。これが細胞シートでいくつかの細胞の間で局所的に生じると、その部位で屈曲し、シートが変形する。局所的な細胞の収縮はフィラメントタンパク質によって起こる。その様子は筋肉の収縮と似ているが、メカニズムはより単純である。細胞間の接触を変えることにより、全体の形状が変化し、細胞がグループに分かれることができる。

局所的な収縮

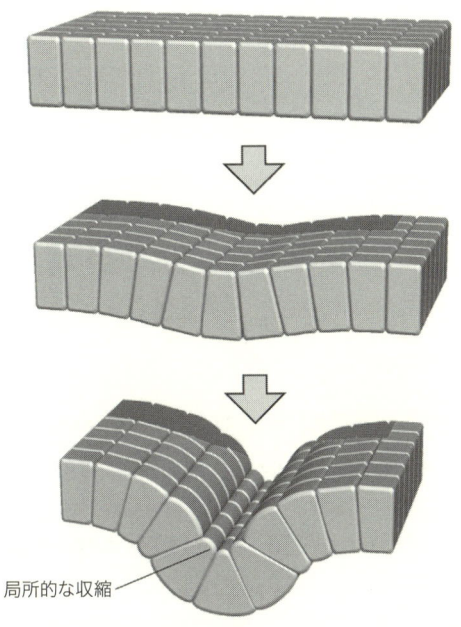

図 16 シート状の細胞の局所的な収縮により，シートの形に変化が起き，折りたたまれる．

　多くの胚細胞は，神経堤細胞のように，非常に長い距離を移動することができる．それらは細胞質の薄いシート状の層を延ばすか，または糸状仮足（フィロポディア）とよばれている長い微細な突起を伸ばし，移動したい方向の表面に付着することにより移動する．これら両方の一時的な構造は，細胞骨格フィラメントの集合した部分が，細胞内から外側へ押し出されて形成される．細胞の前方または後方どちらかにおいて，筋肉様の細胞骨格ネットワークが収縮すると細胞は前

に動くことになる．

　胚の組織は，細胞–細胞間と細胞–細胞外マトリックスの間での接着性相互作用によって正常な状態に維持される．細胞接着性の違いにより，異なる組織や構造の間の境界を維持することができる．細胞は，カドヘリンのような細胞接着分子により，相互に接着する．カドヘリンは細胞表面タンパク質で，別の細胞の表面タンパク質と強く結合することができる．脊椎動物では，約30種類の異なるタイプのカドヘリンが同定されている．カドヘリンは，カドヘリン同士で結合する．一般には，カドヘリンは同じ型のもう一つのカドヘリンだけと結合するか，いくつかの他の分子とも結合できる．細胞は，細胞膜のインテグリンがコラーゲンのような基質タンパク質に結合することによって，細胞外基質へ接着する．

　細胞で発現している特定の細胞接着因子により，それがどの細胞に接着できるかが決定される．発現する細胞接着因子の変化は，多くの発生現象に関与している．細胞接着性の違いは，二つの異なる組織から細胞を分離し，混ぜ合わせ，再集合させる実験で示すことができる．両生類の予定表皮と予定神経板の細胞を分離し，混合し，静置して再集合させると，細胞は選別され，二つの異なる組織に再構成される（図17）．表皮細胞は，最終的に神経細胞の凝集体を囲む外側の表面を形成し，同じ型の細胞がそれぞれ接触することになる．外胚葉と中胚葉細胞とを混合すると，同様に選別され，中胚葉が中に，外胚葉が外になるように細胞集合体を形成す

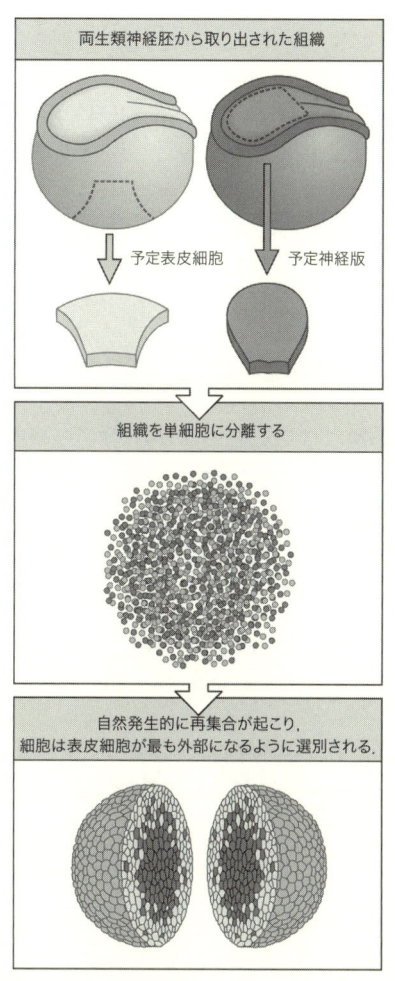

図 17 表皮細胞と神経板細胞の選別．カエル胚の二つの領域からの細胞は，単細胞に分けられて，その後再集合させると，表皮細胞はすべて外側に位置し，神経細胞が内側に位置する．

る．この選別は，細胞運動と接着性の違いによる複合的な原因により生じる．最初，細胞は混合された凝集体内でランダムに動き回り，より弱い接着がより強い接着に置き換わることになる．細胞間の接着性の相互作用により，異なった表面張力が生成されるので，細胞が選別される．それは，まさに油と水のような二つの混ざらない液体をいったん混合しても，分離してくる現象と類似している．

動物の胚発生における形の最初の変化は，受精卵が卵割により，多くのより小さい細胞へ分割されることである．次に，多くの動物において，中空の球状構造の形成へと進行する．つまり，液体で満たされている内部を囲んでいる上皮性のシートが囲む形として胞胚が形成される（図18）．図中に模式的に示すように，受精卵からのそのような構造の発生は，卵割のパターンと細胞の詰め込まれ方の変化に依存している．初期の卵割パターンは，動物の異なるグループの間でかなり異なっている．放射卵割において，卵割は卵の表面に

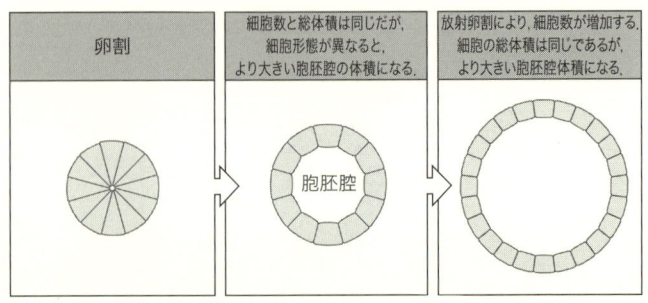

図18 細胞の卵割と詰め込まれ方により，胞胚の体積が決まる．

対して直角に起こり，最初の数回の卵割により，各々の細胞の上に直接細胞が重なる層が生じる．この種の卵割は，ウニと脊椎動物で見られる．軟体動物（カタツムリなど）と環形動物（ミミズなど）の卵は，らせん卵割とよばれる別の卵割パターンをとる．つまり，卵の表面に対して少しの角度のある平面で分裂してゆくと，細胞はらせん状に配列する．卵の卵黄の量は，卵割のパターンに影響する．卵黄の多い卵においては，対称的な卵割とは異なり，分割溝が最も少ない卵黄の領域ではじまり，しだいに卵全体に広がる．

　原腸形成により，胚全体の構造に劇的な変化が生じ，複雑な3次元構造が形成される．原腸形成の間，細胞の移動，細胞の形態や接着性の変化といった細胞活動のプログラムにより胚が再編成され，将来の内胚葉と中胚葉は内部に陥入し，外胚葉だけが外側に残る．原腸形成のための主要な力は，細胞の形態の変化によって生まれる．そのプロセスは脊椎動物では非常に複雑であるが，ウニ胚は透明なので，原腸形成の動画を撮影でき，最も容易に観察できる．ウニでは受精後の一連の卵割を通じて，一層の細胞のシートで囲まれた球になり，その中は液体で満たされる．将来の中胚葉と内胚葉はすでに特定されており，残りは外胚葉になる．原腸形成は，中胚葉細胞が移動することからはじまる．中胚葉の細胞はそれぞれ分離して単細胞となり，遊走して中に入り，シートの内側で，パターンをもった組織（一次間充織）を形成する（図19）．細胞は微細な糸状仮足によって移動することができ，いくつかの方向に伸びて最長40マイクロメートルにもなる．

糸状仮足が壁と接触して接着すると，それらは引っ込み，接触点のほうへ細胞体を引っ張ることになる．各細胞はいくつかの糸状仮足を伸長させるので，糸状仮足間で競争が生じ，糸状仮足が最も安定な接触ができる壁の領域に向かって，細胞が引っ張られる．そして細胞は，最も安定に接触できる領域に，最後に集積する．

中胚葉の移入の後に，内胚葉が陥入して内側に伸展し，胚の腸（原腸）が形成される．内胚葉は，連続した細胞のシートとして陥入する．腸の形成は，2段階に分けることができる．最初の段階で，内胚葉は陥入し，短く，ずんぐりした円筒を形成し，内部の中間までまず伸びる．さらに続けて伸長する前に，短い休止期がある．第二段階において，陥入した腸の先端の細胞（二次間充織）は，長い糸状仮足を形成し，胚の内側の壁と接触する．それらの収縮により，伸びている腸が引っ張られ，口の領域と接触して融合し，口の側でも小さく陥入が起こる．原腸形成のこの段階でも，内胚葉のシート内の細胞の活発な再編成によって収斂伸長が生じている．

収斂伸長は，他の動物の原腸形成や形態形成過程において，鍵となる役割を果たしている．それは，幅を狭くすることで一方向に細胞シートを伸長させるメカニズムで，細胞移動や細胞分裂によるのではなく，シート内での細胞の再編成によって生じる．たとえば，両生類の胚で，中胚葉が前後軸に沿って伸長するときに収斂伸長が生じている．収斂伸長が生じるためには，細胞がどの軸方向に沿って割り込んで伸び

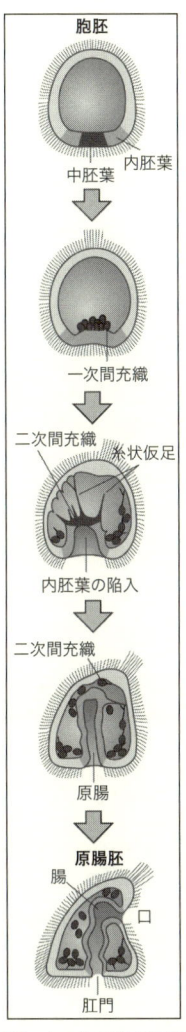

図19 ウニにおける原腸形成.

ていけばよいか，すでに決まっていなければならない．細胞は前後軸に直角な方向，つまり中心-側方軸方向に最初に伸長する（図20）．それから，組織が伸長する方向に対して垂直な方向に，互いに平行に整列する．活発な動きがあるのは，細長い双極性の細胞の各先端におもに限定されている．それらの細胞は，常に中心-側方軸に沿って細胞の間に入り，ある細胞は側方に，あるいは中心側に移動して，中心-側方挿入が生じる．一方，放射挿入とよばれている力学的によく似たプロセスにより，多重細胞層を薄くして，より薄くて広いシートを形成することができる．放射挿入によりカエルの外胚葉が広がっているときのように，シートの辺縁において伸展が生じる．放射挿入はアニマルキャップ（胚の動物極側半球に存在する未分化細胞の塊）の多層性の外胚葉に生じる．そこにおいて，細胞は，表面と直角な方向に，ある層からすぐ上の層に移動して挿入される．それにより，細胞シートは薄くなり，表面積が増加する．

脊椎動物における原腸形成では，ウニよりもさらに複雑で

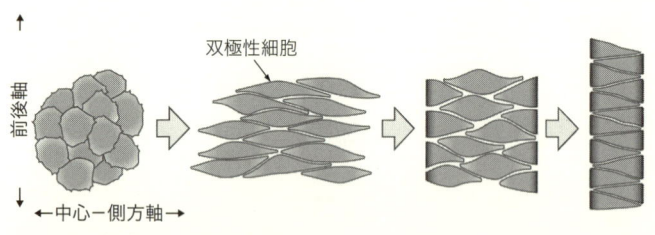

図20 収斂伸長は双極性細胞の動きによって生じ，シートは狭くなって，伸びる．

劇的な組織の再編成が生じ、より複雑な身体を形成する。両生類、魚類、鳥類においては、大量の卵黄の存在が発生をより複雑にしている。しかし、結果は同じことである。細胞の2次元のシートが3次元胚へ変換され、体の構造の形成のため、外胚葉、中胚葉、内胚葉が正しい位置に配置される。哺乳類と鳥類における原腸形成は原条で生じ、エピブラストの細胞は、正中に集まり、個々の細胞に分離し、内部へ移行し、そして収斂伸長が続いて生じる。

　カエルの原腸形成は、胞胚の背面の部位ではじまり、植物極のほうへ向かう。最初に現れる兆候は、予定中胚葉細胞がワイン瓶の形になることである。ワイン瓶の形状の細胞は、細胞の上部で頂端とよばれる部位がすぼまってでき、胞胚面（原口）で溝を形成する。その原口背唇（原口唇の背側に相当する部分）がシュペーマン・オーガナイザーの部位である。中胚葉と内胚葉の層は原口周辺に侵入しはじめるが、その移動と組織形成は複雑である。侵入につれて、中胚葉と内胚葉の両方で収斂伸長が生じ、脊索も付随して伸長する。これらのすべてのプロセスにより、前後の方向で胚が伸びる。ニワトリ、マウス、ヒトでは、原腸陥入がもう少し単純で、以前に述べたように、原条を通して生じる。上皮性のエピブラストは将来の外胚葉であるが、同様に中胚葉と内胚葉にもなる。エピブラスト細胞は原条において、中胚葉および内胚葉の細胞として特定化され、それらはエピブラストを残して、原条を通って内部に移動し、腸、筋肉、軟骨のような中胚葉性組織を形成し、血液を供給する。これらは、先に述べ

たニワトリと同様である．

　脊椎動物における神経管形成では，背側の外胚葉に由来する上皮の管である神経管が形成され，脳と脊髄が形成される．原腸形成期の中胚葉による神経誘導の後に，神経管を生じる外胚葉細胞が，厚い平板状の組織，すなわち神経板になり，しだいに細胞はより円柱状になる．脊椎動物の神経管は，体の異なる領域で，二つの異なる機序によって形成される．脳と脊髄の前側部分を形成する前神経管は，神経板が管状に折り曲がることによって形成される．神経板の端は表面より上に上がり，胚の背面の正中に沿って端が接着し，二つの平行した神経褶（しゅう）を形成する．神経板の端は融合し，神経管を形成し，隣接している外胚葉から分離する（図21）．後側の神経管は，対照的に，中空のない棒状の細胞から発生し，その後に内部腔または管腔を形成する．神経板の湾曲と神経褶の形成は，細胞形態の変化によって起こる．最も曲がっている神経板の端にある細胞は，それらの先端の表面で収縮する．その後の外胚葉からの神経管の分離は，細胞接着性の変化による．

　脊椎動物の神経堤細胞は，神経板の端から生じる．それらは極性をもつ上皮細胞から，不規則な形態で運動性を有する間充織細胞へと変化し，正中線を離れ，いずれの側へも移動してゆく．神経堤細胞は，細胞が移動するところにある細胞外基質との相互作用や細胞間の相互作用により導かれて，さまざまな部位へ移動する．神経堤細胞は多種多様の異なる細

図21 神経管形成.

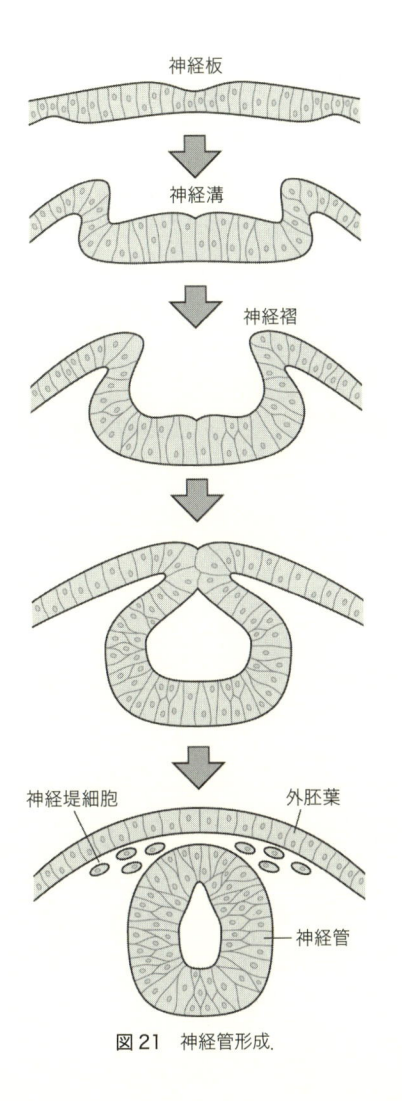

胞型を生じる．たとえば，神経細胞，顔の軟骨細胞，色素細胞である．

　植物において，方向性をもった膨張は形態形成を促す重要な力であり，細胞内の静水圧の増加から生じる．細胞肥大は植物の成長と形態形成に大きく貢献するプロセスであり，組織の体積の50倍の増加まで可能となっている．肥大のための推進力は，浸透によって液胞に水を入れることにより細胞壁にかかる静水圧である．植物細胞の肥大には，新しい細胞壁の材料の合成と定着が必要であり，これは方向性膨張の一例である．細胞増殖の方向は，細胞壁のセルロース繊維の方向により決まっている．

第5章
生殖細胞と性

　動物の胚は単細胞から,つまり卵と精子の融合した受精卵(または接合子ともいう)から発生する.生物を有性生殖により繁殖させる際に,生殖細胞と身体を構成している体細胞との間には,基本的な違いがある.前者は卵と精子を生じて,次世代の性質を決定するが,体細胞は次世代への遺伝的な貢献はしない.生殖細胞には,次の三つの鍵となる機能がある.「生殖系列における遺伝的に正常な状態を保存すること」,「遺伝的多様性を生み出すこと」,「遺伝情報を次世代に伝播すること」である.アメーバなどの最も単純な動物を除いて,生殖系列の細胞は,新しい生物を生じることができる唯一の細胞である.したがって,最終的にはすべての細胞が死に至る体細胞と異なり,生殖細胞は,それを産生した個体よりある意味で長生きである.したがって,それらは,非常に特殊な細胞で,老化から逃れているのである.

動物における生殖細胞の発生により精子または卵が形成される．卵は非常に特殊な細胞で，最終的には生物のすべての細胞をつくることができる．受精後に，胚が母親から栄養を受け取らない種においては，卵は発生のために必要なすべての成分を用意しなければならない．一方，精子は，遺伝子を含む染色体以外の部分は，実質的に何も生物に寄与しない．

　動物において，生殖系列細胞は初期胚で運命が決定され，体細胞とは別に発生するが，機能的に成熟した卵と精子は成体でのみ形成される．生殖細胞の重要な性質は，体をつくるすべてのタイプの細胞に分化することができる多能性を維持していることである．にもかかわらず，動物の卵と精子は生殖細胞の発生の間に，後で述べるようにゲノムの刷り込み（インプリンティング）として知られる過程により，ある遺伝子のスイッチを個別に切っている．注目に値することは，後で紹介するヒドラのような単純な動物は，無性生殖で発芽して繁殖することができ，カメのような脊椎動物でさえ，卵は受精することなく発生することができる．植物は大部分の動物と異なり，有性的に繁殖するにもかかわらず，生殖細胞は胚発生の初期に特定できず，花の発生の間に特定される．植物の特色は，成体から取り出した単細胞から植物全体を生じることができるということである．

　生殖細胞は，性腺とよばれている特殊な生殖器内で，卵と精子に分化する．性腺とは，女性では卵巣，男性では精巣である．ハエ，線虫，魚，カエルでは，卵内の特殊な細胞質に

限局している分子のはたらきにより,生殖細胞ができる.最も明瞭な例はハエで,卵の後極に生殖細胞に分化するための特別な細胞質の領域がある.しかし,ニワトリ,マウス,他の哺乳類で生殖細胞の分化に必要な特別な領域が卵にあるという証拠はない.多くの動物において,始原生殖細胞は性腺から離れた場所で発生して,後で性腺に移動し,そこで卵または精子に分化する.最も初期に検出可能な始原生殖細胞は,原腸形成を開始する直前にマウスで同定でき,それらは6〜8個の細胞の一群を形成している.約1週間後に,約40個の始原生殖細胞が原条に存在し,それ以上は増えることなく,最終的にマウス性腺に移動する.

染色体の数が代々引き続いて一定に保たれるために,生殖細胞は特殊なタイプの細胞分裂,すなわち染色体数を半分にする減数分裂を行う.減数分裂による染色体数の半減が起こらない限り,卵が受精するたびに,染色体の数は2倍になってしまう.したがって,生殖細胞は各染色体の一つのコピーをもっており,一倍体とよばれている.一方,生殖細胞前駆細胞と体細胞は,二つの染色体コピーをもっており,二倍体とよばれている.減数分裂で染色体数が半分になるものの,卵と精子が受精で一緒になると,二倍体の染色体数が回復することになる.

減数分裂は,2段階の細胞分裂から構成されている.染色体は最初の分裂前に複製され,二番目の分裂で,染色体の数は半分になる.第一減数分裂の初期ステージの間に,相同染

色体はペアになって，領域を交換し，遺伝子の新しい組み合わせをもつ染色体を生成する．減数分裂により，親と比較して遺伝子の異なる組み合わせをもつ配偶子が生まれる．このことにより，精子と卵の受精によりできた細胞から生まれる動物は，その両親のどちらとも遺伝的組成が異なることを意味する．そのため，私たちは両親に似てはいても，生き写しではないのである．ヒト卵の減数分裂における大きなエラーとして，第一減数分裂のエラーにより余分の21番染色体ができると，21番染色体の数は正常では2本であるが，3本ももつことになり，トリソミーとよばれる染色体異常になる．このトリソミーはダウン症候群の原因であり，最も頻度が高い遺伝子疾患の一つであり，先天奇形と学習障害を発症する．

卵の発生には，他の細胞の総合的な活動が必要な場合もある．たとえば，鳥類と両生類において，卵黄タンパク質は肝細胞によってつくられ，血液によって卵巣へ運ばれる．そこで，卵黄タンパク質は発生している卵（卵母細胞）に入って，卵黄小板に包まれる．卵の大きさは動物によってかなり異なるが，卵は常に体細胞よりも大きい．哺乳類において，生殖細胞は性腺に移動するまでに数回ほど細胞分裂をして，減数分裂に入った後は，二度と増殖しない．したがって，この胚の段階の卵母細胞の数が，雌の哺乳類がもっている卵の最大数であると通常考えられている．ヒトにおいて，大部分の卵母細胞は思春期以前に退化し，最初の600万～700万個中から約40万個を一生涯のために残している．この数は，年齢とともに減少し，30代中頃より50歳くらいの閉経期ま

でに，急に減少する．哺乳類と多くの他の脊椎動物において，卵母細胞の発生は，減数分裂の第一期のステージで停止しているが，出生の後，ホルモン刺激の結果として女性が性的に成熟するにつれ，卵母細胞は成熟しはじめる．

精子の発生は，卵の発生とはまったく異なる．精子を生じる二倍体の生殖細胞は，胚では減数分裂に入れず，胚の精巣では細胞周期の初期で止められるが，出生後にふたたび増殖をはじめる．後に，性的に成熟した動物において，幹細胞が減数分裂を行い精子になる．したがって，哺乳類の雌において卵の数が固定されているのとは異なり，精子は生物の全生涯を通じて産生され続ける．

卵と精子の特定の遺伝子は**刷り込み（インプリント）**され，そのため，同じ遺伝子の活性はそれが母系由来か父系由来かに依存して異なる．ヒトで不適切なインプリンティングが生じると，発育異常になり得る．少なくとも80個のインプリントされた遺伝子が哺乳類で同定され，いくつかは増殖制御に関与している．たとえば，インスリン様成長因子IGF-2は，胚の増殖のために必要である．母親由来のゲノムでは，IGF-2遺伝子はオフにされる（インプリントされる）．そのため，父親由来の遺伝子コピーだけが活性化されている．つまり，父親は自分自身の子孫が最高に増殖できることになるので，父親の遺伝子は生存でき，継続できるよいチャンスを得ることになる．母親は，異なる雄とも交配する可能性があるので，彼女の遺伝資源を彼女のすべての子孫に広め

るために，特別な一つの胚において過剰な増殖をしないように抑制する必要がある．このように，胚の増殖を促進するIGF-2をコードするような遺伝子は，母親のコピーではオフになっている．インプリントされた遺伝子は増殖関連以外にも多くの効果をもっている．

ヒトにおける多くの発達障害は，インプリントされた遺伝子と関係している．プラダーウィリ症候群の乳児は発達できず，その後，極度に太りすぎになり，さらに，強迫観念や強迫行動のような精神遅滞と精神障害を示す．アンゲルマン症候群は，重篤な運動および精神遅滞を発症する．ベックウィス-ウィーデマン症候群は7番染色体の領域でインプリンティングの全般的な欠損によって，胎児の過成長とがんになる素因が増加する．

受精は卵と精子の融合で，発生開始の引き金である．受精後に起きる卵の活性化により，遊離カルシウムイオンの爆発的な放出が生じ，細胞分裂を制御するタンパク質に作用することによって受精卵で減数分裂を再開する．それから，卵と精子の核は融合して胚の核を形成し，卵は細胞分裂しはじめ，発生のプログラムの実行に着手する．

精子は運動性のある細胞で，卵を活性化して，精子の核を卵の細胞質に届けるように特化して設計されている．精子は基本的に，核，エネルギー源を供給するミトコンドリア，運動のための鞭毛から形成されている．精子は，実質的に染色

体以外は何も卵に導入しない．哺乳類において，精子のミトコンドリアは受精の後に破壊されるので，動物におけるすべてのミトコンドリアは母親に由来している．

ウニなどの多くの海洋生物において，雄が水に放散する精子は，卵が放出する化学物質の勾配によって，卵に誘導される．卵と精子の膜は融合し，精子核は卵の細胞質に入る．哺乳類と他の多くの動物において，雄の放散したすべての精子のうち，わずか1匹の精子により各卵は受精する．哺乳類を含む多くの動物では，1匹の精子が侵入すると，それ以上別の精子が入ってこないよう遮断するメカニズムが作動する．これは必要なメカニズムで，なぜなら複数の精子核が卵に入ると，余分な染色体のセットが存在することになり，発生が異常になるからである．ヒトにおいて，そのような異常のある胚は発生できずに死に至る．卵は，複数の精子による受精を防止するように特殊分化しており，未受精卵は通常，細胞膜の外側にあるいくつかの保護層によって囲まれている．1匹の精子だけによって確実に受精する方法については，生物が異なれば，方法も異なっている．たとえば，鳥類においては，多くの精子が卵に侵入するが，一つの精子核だけが卵核と融合し，他の精子核は細胞質で破壊される．

哺乳類では，受精に備えて待っている成熟した卵は，きわめて少数である．通常，ヒトでは一つか二つ，マウスでは約10個である．そして，導入された何百万もの精子のうち100匹足らずが卵に実際に到達する．ヒトや他の哺乳類の卵は培

養して,人工的に受精させることができ,非常に初期の胚を母親の子宮に移植すると,正常に発生する.この体外受精(IVF)という処置は,種々の理由のために妊娠が難しい夫婦にとっておおいに役立った.初のIVF乳児(ルイーズ・ブラウン)がイギリスで生まれてからわずか30年であるが,私たちは現在,人間の不妊治療としてIVFをほぼ当然のこととして行っている.ヒト卵を培養し,1匹の無処置の精子を直接注入することによって受精させることさえできる.精子が卵に侵入できないことによる不妊の場合には,IVFは有用である.IVF胚は凍結することができ,長年経過した後でもうまく子宮に移植することができる.

もっと最近では,子供に伝わる遺伝子異常をもつ胚の移植を避ける目的で,IVFによって作製した胚の遺伝子のスクリーニングをすることが可能になっている.ヒト胚には変化に対処する調節能力があるため,胚から一つの細胞を,それ以降の発生に影響を及ぼすことなく,取り出すことが可能である.次に,その単細胞から得られたDNAを用いて,疾患が起きることが知られている突然変異をスクリーニングする.この移植前スクリーニングは,両親が囊胞性線維症などの遺伝病の保因者だとわかっている場合に,最も広範に行われている.このようなスクリーニングにより,確実に正常な遺伝子をもつ胚だけを母親に移植できることになる.移植前のこのような診断は,新生児で影響が出る遺伝子変異のみならず,その後大人になってから病気にかかりやすくなる遺伝子変異についても調べることができるので,移植前診断への要

求は高まってきている．その一例は，突然変異遺伝子 *BRCA1* で，女性で乳がんと卵巣がんを発症しやすい突然変異として知られている．この変異は，遺伝する可能性のある女性の腫瘍の80％に関連している．男性で *BRCA1* の突然変異があると，前立腺がんによりかかりやすくなる．*BRCA1* の突然変異について胚をスクリーニングすることにより，これらのがんに対する遺伝的素因を家族から除去することができる．移植前遺伝子診断では，たとえばどの遺伝病についてスクリーニングしなければならないかなどの倫理的問題が実際に生じている．スクリーニングに胚を利用することを検討していないときでさえ，IVFでは移植に必要とされる数よりも多めに作製するのが普通である．これらの予備の胚に必ず生じる倫理的問題は議論の的ではあるが，実際はほとんどが処分されている．

初期発生は哺乳類の雄と雌の胚で同様であり，性的な差異は後のステージでのみ現れる．その個体が雄として生まれるか，雌として生まれるかも，受精卵形成のもととなった卵と精子の染色体の内容によって，受精の時点で遺伝的に決まっている．決め手は二つの性染色体，XとYである．雄はXとY（XY）をもち，雌は二つのX染色体（XX）をもつ細胞でできている．卵はXをもち，各精子はXまたはY染色体をもっている．哺乳類の遺伝学的な性は，精子が卵にXまたはY染色体を導入する受精の瞬間に確立される．Y染色体上の遺伝子である *SRY* が精巣を発生させ，それがテストステロンのような男性ホルモンを分泌し，雄の組織を発生さ

せ，女性の組織の発生を抑制する．テストステロンの作用により，女性の陰核と陰唇の代わりに男性における陰茎と陰嚢が発生し，男性における乳腺のサイズを小さくする（図22）．ハエのような他の動物では，各細胞のXX染色体の数が性を決定し，ホルモンは関係しない．

哺乳類の性の発生におけるホルモンの役割は，まれに生じる異常な性発生の症例から明らかになった．あるXY男性は外見は女性として発生することがある．その場合，たとえ精巣があり，テストステロンを分泌していても，もしテストステロンに非感受性になる突然変異がある場合には外見は女性になる．逆に，完全に正常なXXであり，遺伝学的に女性でも，外見は男性として発生することがある．たとえば，これは，胚発生の間に男性ホルモンにさらされた場合などがある．Y染色体がない場合，初期設定により，組織は女性になる発生経路を進む．XY個体が女性となるまれな症例や，身体的に男性となるXX個体もいる．これは，XY女性ではY染色体の一部が失われていることに起因し，あるいは，XX男性で，Y染色体の一部がX染色体へ転座していることに起因する．これらは，男性の生殖細胞で減数分裂の間にXとY染色体がペアになり，遺伝子の交換がそれらの間に起こることがあるためである．

私たちを含む哺乳類のように，多くの動物において，X染色体上にある遺伝子の不均衡が，二つの性の間にある．雌は二つのX染色体をもっているが，雄は一つだけである．こ

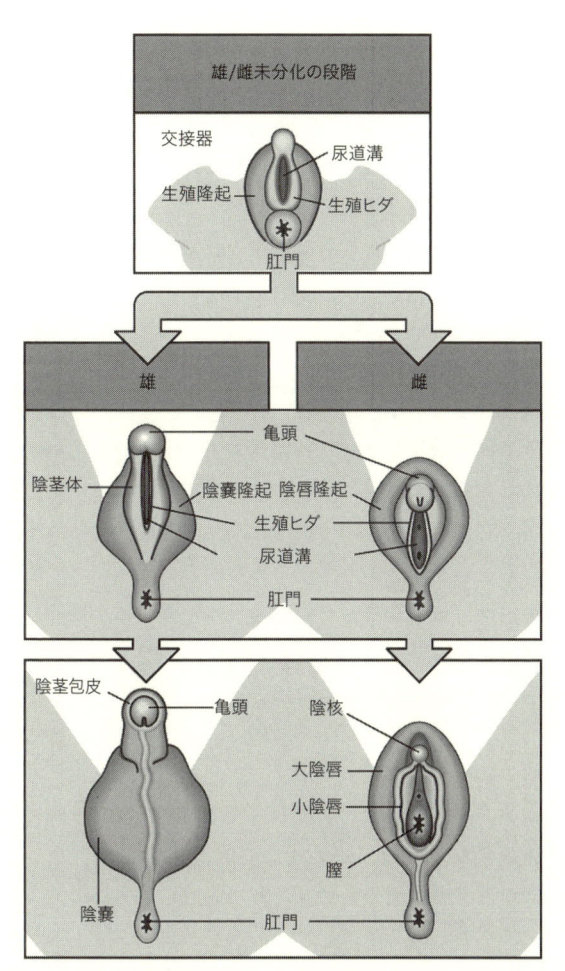

図 22 ヒトにおける性器の発生．初期胚のステージでは，性器は男性と女性で差はない．雄では精巣形成の後，亀頭と生殖ヒダは陰茎になる．一方，雌では，それらは陰核と小陰唇を生じる．生殖隆起は，雄で陰嚢に，雌で大陰唇になる．

の不均衡は，X染色体の上で生じる遺伝子発現のレベルを男女両方において同じにするためには，修正されなければならない．このようなX染色体上にある遺伝子の不均衡への対応策は，遺伝子量補償として知られている．不均衡の修正に失敗すると，発生異常と発育遅延が生じる．哺乳類において，たとえばマウスとヒトは，雌の胚の各細胞で，二つのうちどちらか一つのX染色体を失活させることによって，雌における遺伝子量補償を達成している．いったんX染色体が胚細胞で失活させられると，この胚細胞に由来するすべての体細胞でX染色体が不活性な状態で維持され，この不活性化は生物の一生を通じて持続される．X染色体の不活性化が雌の体の細胞によって異なることが，雌の哺乳類の外皮で，時々目に見える形で現れることがある．片方のX染色体でのみ色素遺伝子が不活性である雌のマウスにおいては毛の色がパッチ状になる．その理由は，X染色体が機能しており，正常な色素遺伝子を発現する表皮細胞がランダムに分布しているためである．ハエでは，遺伝子量補償は異なる方法で行われる．雌における余分のXの活動を抑制する代わりに，雄におけるX染色体の転写をほぼ2倍に増加するのである．一方，線虫における遺伝子量補償は，XX個体のX染色体の発現レベルを，雄の一つのX染色体の発現レベルと同じになるように低下させることで達成されている．

動物とは異なり，植物は胚で生殖細胞を準備しないので，花が発生するとき，生殖細胞が特別に形成されるだけである．どんなメリステム細胞でも，原則として，いずれの性の

生殖細胞をもつくることができ，性染色体はない．大多数の顕花植物は雌と雄の生殖器を含む花を形成し，そこで減数分裂が起こる．雄の生殖器であるおしべは花粉を産生し，花粉は動物の精子に対応する雄の生殖子核を含んでいる．花の中心には雌生殖器があり，それは二つの心皮のある子房からできており，胚珠を含む．各胚珠は，卵細胞を含んでいる．花粉粒が心皮面に接触すると，二つの一倍体の花粉核を，心皮を通過して，胚珠に届ける管が発達する．一つの核は卵細胞と受精し，もう一つの核は胚珠で二つの他の核と融合する．これは三倍体の細胞を形成し，胚乳という特殊な栄養のある組織になる．胚乳は受精卵細胞を囲んでおり，胚発生のための栄養源となる．

第6章
細胞分化と幹細胞

　筋肉，血液，皮膚のような多くの異なった型の細胞が発生することを，細胞分化という．細胞分化は発生している胚において最初に生じ，出生後も生涯を通じて続けられている．神経，筋肉，皮膚のような特化した機能をもつ細胞の特徴は，どのタンパク質が合成されるかを決定する固有の遺伝子発現のパターンにより生まれる．哺乳類には，明らかに識別可能な分化した細胞の型が200以上ある．どのように固有の遺伝子発現のパターンが生まれるかは，細胞分化に関する中心となる疑問である．遺伝子発現は，さまざまなシグナルにより複雑に制御されており，転写因子の機能とDNAの化学修飾などが関与している．外部のシグナルは，分化において鍵となる役割を果たしており，細胞内の情報伝達経路を動かす引き金になり，最終的に遺伝子発現に影響を及ぼす．

　胚を構成している細胞は最初，どれも似通っているが，異

なる個性と特殊な機能を獲得することで，しだいに異なる細胞になっていく．異なる運命をもつ初期胚の細胞同士を比べると，遺伝子発現パターンだけが異なり，したがって存在するタンパク質だけが異なる．細胞の分化は世代を超えて継続し，細胞は段階的に新しい機能を獲得して，細胞がもつ分化の可能性は，ますます制限されることになる．軟骨と筋細胞の初期前駆細胞には，互いに明らかな構造的違いがなく同じ細胞に見えるので「未分化である」と表現されるが，適当な条件の下で培養するとそれぞれ軟骨と筋肉に分化する．同様に，白血球の前駆細胞は分化の初期では，赤血球になる細胞と構造的に区別が付かないが，発現するタンパク質は異なっている．

発生の初期過程と同様に，細胞分化のおもな特徴は遺伝子発現の変化であり，細胞内のタンパク質に変化が生じる．分化した細胞で発現している遺伝子には，細胞として基本的に必要な「ハウスキーピング」タンパク質（たとえばエネルギー代謝に関連する酵素など）をコードするものだけでなく，完全に分化した細胞を特徴付ける細胞特異的なタンパク質（赤血球ならヘモグロビン）をコードしている遺伝子も含まれる．たとえば，赤血球のヘモグロビン，皮膚表皮細胞のケラチン，筋肉特異的なアクチン・ミオシンのフィラメントなどである．一つのタンパク質の発現により，細胞の分化状態を変えることができる．たとえば，マイオD遺伝子（*myoD*）を結合組織の細胞である線維芽細胞に導入した場合，*myoD* は筋肉分化を誘導する転写因子をコードしている

ので，線維芽細胞は筋細胞になる．常に，胚の中の一つひとつの細胞内で何千もの遺伝子が発現している状態を実現することが重要である一方で，少数の遺伝子の発現だけによって，細胞運命が決定されている可能性がある．特殊な技術により，特定の組織で，または，発生の特定の段階で発現しているすべての遺伝子を検出することができる．

細胞分化は，広範囲にわたる外部のシグナルによって制御されることが知られている．これらの外部シグナルがどの細胞に分化するかを指令するので，「指示的」であるとしばしばよばれる．しかし，ある時間に細胞がもっている「どの細胞に分化するか」の選択肢の数は限定されているという意味で，それらはむしろ，「選択的」である．分化の選択肢は，細胞の内部状態によって決定されるが，それはその細胞の発生過程の歴史を反映している．外部シグナルは，たとえば，内胚葉の細胞を筋肉や神経細胞に転換することはできない．発生を制御する細胞間の重要なシグナルとして作用する分子の大部分はタンパク質かペプチドであり，それらの効果は，通常，遺伝子発現の変化を誘導することである．これらのタンパク質とペプチドは細胞膜に存在する受容体に結合する．シグナルは細胞内の情報伝達経路により細胞核に中継される．細胞ごとに歴史が異なるので，同じ外部シグナルを何度も使い回しながら，細胞によって異なる選択肢を選ばせることができるのである．

多細胞生物の体を構成する各細胞の核は，どれも，受精卵

の一つの核に由来している．しかし，分化した細胞の遺伝子発現のパターンは，細胞の型ごとに非常に異なる．細胞分化の分子的基盤を理解するために，私たちは最初に，どのような方法で遺伝子を細胞特異的に発現できるかについて知る必要がある．なぜ，ある特定の遺伝子は，別の細胞でなく目的の細胞でスイッチを入れられるのだろうか？　発生を制御している大部分の「鍵」遺伝子は，最初は不活性な状態にあるが，オン状態になるには「鍵」遺伝子の転写因子がまず活性化される必要がある．活性化した因子が「鍵」遺伝子のDNA上のエンハンサーとよばれる調節制御領域に結合する．どんな任意の遺伝子についても，その活性化の特異性は，調節領域で個々の部位と結合している遺伝子−調節タンパク質の特定の組み合わせによる（図6参照）．ハエと線虫のゲノムには，少なくとも1000の異なる転写因子がコードされており，ヒトゲノムでは，3000もの多くの因子がコードされている．平均しておよそ5つの異なる転写因子が，ある調節領域で一緒に作用するが，場合によってはそれ以上である．調節領域には，活性化因子が結合する部位と同様に，リプレッサーとよばれる遺伝子発現を阻害するタンパク質が結合する部位もある．リプレッサーにより，不適切なタイミングで，または間違った場所で遺伝子が発現しないように調節している．一般に，各遺伝子の活性化には，転写因子の固有の組み合わせが関与すると仮定できる．脊椎動物では，DNAの特定の部位が化学的に修飾されるが，修飾を受ける部位は転写の抑制と相関している．この修飾は遺伝子発現が抑制されたパターンを娘細胞に伝えるために必要なメカニズムであ

る.これはエピジェネティクスとしても知られていて,生殖細胞の遺伝子が修飾されている場合には,次世代に伝承することさえできる.

幹細胞は,分化に関していくつかの特徴がある.一つの幹細胞は分裂し,二つの娘細胞になることができる.娘細胞の一つは幹細胞のままで,もう一つは細胞の系譜にしたがって分化する.この現象は,ヒトの皮膚や腸,血球の産生において常に生じており,胚でも生じている.この幹細胞の特徴がどのようにして生じるかについては二つの可能性がある.一つは,二つの娘細胞の間の内因的な差に由来する可能性がある.つまり,幹細胞の分裂は非対称であり,二つの娘細胞が異なる種類のタンパク質を受け継ぐように分裂する可能性である.第二の可能性は,外部シグナルが娘細胞を異なる細胞にするということである.幹細胞が住み着いている微小環境は「幹細胞ニッチ」とよばれているが,その中に残る娘細胞は,ニッチの細胞からの局所シグナルのため,それ自体が新しい幹細胞になり続ける.一方,最終的にニッチの外側に出た娘細胞は,分化するという可能性もある[*2].原条が形成される初期哺乳類胚の内部細胞塊に由来する胚性幹細胞(ES細胞)は,培養可能で,多種多様な細胞に分化することができるので,再生医療に使用できる可能性がある.後で示すように,現在,成体の体細胞を幹細胞に逆戻りさせることができ,この技術は再生医療にとって重要で密接な関連がある.

造血つまり血球形成は,特によく研究されている細胞分化

の例である．造血幹細胞は多能性であり，ある範囲のさまざまな細胞に分化することができる．血球新生のための多分化能をもった幹細胞の存在は，骨髄が破壊された患者に，ドナーからの骨髄細胞を移植すると，完全な血液と免疫系が再構築されることから明らかになる．したがって，骨髄移植により，血液と免疫系の疾患を治療することができる．骨髄には多分化能をもつ幹細胞があるが，不可逆的に運命決定されており，分化して異なる血球細胞になる．このような制御はすべて骨髄の微小環境で起こっており，外部シグナルによって制御されている．造血系は実質的に，小規模なりに完全な発生システムであり，一つの多分化能をもつ幹細胞は多数の異なる血球細胞に分化できる．造血は一生を通じて継続しなければならないため，血球細胞の絶え間ない入れ替わりがある．造血の複雑さの目安として，造血関連細胞は，最低200種類の転写因子，同じくらいの数の膜関連タンパク質と約150種類の情報伝達分子を発現していることがわかっている．

赤血球の分化では，酸素運搬タンパク質であるヘモグロビンを大量に合成することがおもな特徴である．それには，グロビン遺伝子の二つの異なる調節領域における転写因子による協調した調節が関与している．哺乳類の赤血球は最終分化段階で核が細胞から放出されるが，その前に，完全に分化した赤血球に含まれるすべてのヘモグロビンが産生される．脊椎動物のヘモグロビンは，二つの同一のα型と二つの同一のβ型グロビン鎖からできている．哺乳類のヘモグロビンはフ

ァミリーを形成しており，その異なったメンバーはそれぞれ発生のさまざまなステージで遺伝子発現して，胚，胎児，成体の時期に異なったヘモグロビンが産生される．哺乳類では，発生のステージに応じて酸素輸送能力を変更する必要があり，その要求に適応するため，さまざまなヘモグロビンを必要としている．たとえば，ヒト胎児ヘモグロビンは，成人ヘモグロビンより高い酸素に対する親和性をもっており，胚のために効率的に酸素を集めることが可能となっている．このような発生ステージに応じて調節されたヘモグロビン遺伝子の発現は，遺伝子のタンパク質コード領域から非常に遠くにある上流の領域に依存している．そこに結合したタンパク質が，ヘモグロビン遺伝子のプロモーターと結合したタンパク質と相互作用したり，接触したりすることができるように，その領域はループを形成している（図6参照）．ヘモグロビン遺伝子における変異は，いくつかの遺伝性血液病の原因となっている．その一つは，鎌状赤血球貧血症で，点変異（遺伝子の一つのヌクレオチド変化）が原因である．父親と母親に由来する両方のヘモグロビン遺伝子でこの突然変異をもつ人々においては，異常ヘモグロビン分子は線維状に集合し，赤血球細胞が鎌状になってしまう．これらの血球は微細な血管を容易に通過することができず，血液の流れを止める傾向があるので，この疾患に多数の症状を引き起こすことになる．また，鎌状赤血球の寿命は，正常な血球より非常に短い．これら二つの理由により，機能的な赤血球が不足し貧血になる．鎌状赤血球貧血症は，突然変異とそれにより発生した健康に対する影響との関連が完全に理解されている数少な

い遺伝病の一つである．正常なヘモグロビン遺伝子と突然変異したヘモグロビン遺伝子を一つずつもつ個人は，マラリアに対して抵抗力がある．

　血液幹細胞に由来する他の細胞にマクロファージがあり，細胞周辺の残骸をきれいにする細胞である．特に，死んだ細胞や抗体を産生する免疫系の白血球（リンパ球）を処理する．

　哺乳類の皮膚は，真皮と表皮の二つの細胞層から構成され，真皮はおもに線維芽細胞として知られている結合組織細胞を含んでおり，外側の表皮は保護のためケラチンで満たされた細胞でおもに構成されている．基底膜は，二つの細胞層を分離している．表皮の保護機能を果たすために，表皮細胞はその外側から連続的に失われ，さらに新規な細胞で置換されなければならない．ヒトは4週間ごとに真新しい表皮ができ，表皮の基底層にある幹細胞によって生涯を通じて維持される（図23）．いったん細胞がこの幹細胞層を離れれば，それは分化する運命となり，基底細胞の非対称性分裂により一つの娘細胞は基底層に残り，もう一つはケラチンを含む細胞になるように運命決定される．死んだ細胞は，表面を離れて最終的に剥がれ落ちる．ヒトの腸の内側を覆っている上皮細胞もまた，幹細胞からつくられ連続的に置き換わっている．

　脊椎動物の骨格筋の分化は細胞培養を使って研究できるので，分化を研究する上でも有益なモデル系となっている．骨

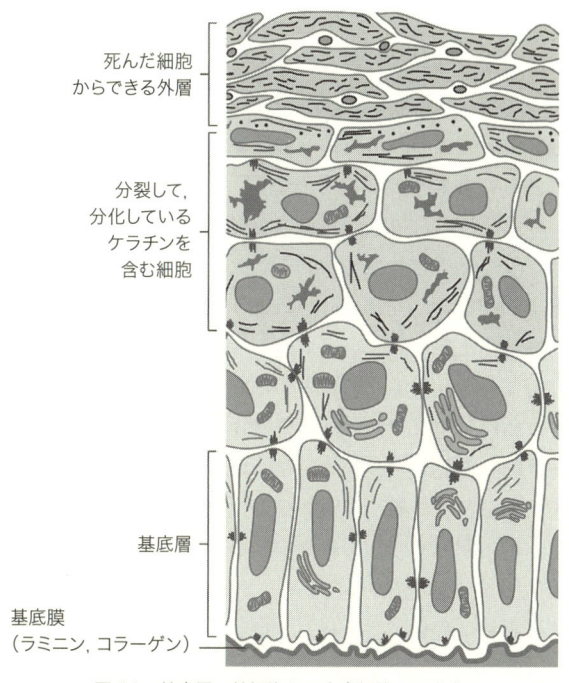

図中ラベル:
- 死んだ細胞からできる外層
- 分裂して，分化しているケラチンを含む細胞
- 基底層
- 基底膜（ラミニン，コラーゲン）

図23 基底層の幹細胞から皮膚細胞への分化．

格筋細胞は体節の領域に由来する．筋芽細胞は筋肉を形成するように運命決定された細胞で，ニワトリやマウスの体節から分離し細胞培養することができる．筋芽細胞は，増殖因子が除去されるまで増殖した後に筋細胞への分化がはじまり，さらに筋肉特異的なタンパク質を合成して構造的変化が生じる．それらは，最初に二極の形態になり，融合して，大きくて管のような多核の細胞を形成し，筋肉になる．骨格筋細胞は，いったん形成されると細胞成長によって増大することは

できるが分裂はしない．哺乳類の成体で筋肉が損傷を受けた場合，筋衛星細胞が分裂し新しい筋細胞に分化する．

　細胞は，発生の間に自律的に死ぬことができる．プログラム化された細胞死は**アポトーシス**（43ページ参照）とよばれているが，これは細胞が損傷を受けた場合に生じる細胞死とはまったく異なる生物学的プロセスである．厳密には細胞分化ではないが，理解しやすいようにここでは分化として考えてみる．たとえば，アポトーシスは脊椎動物の肢の発生に関与している．発生している指の間の細胞の死は，指を分離するために不可欠である．脊椎動物の神経系の発生も，多数の神経細胞の死が関与している．アポトーシスは，特に線虫の発生で重要である．その体細胞は959個あり，卵から由来し，発生の間に131個の細胞が死ぬ．この細胞死において，死につつある細胞は，RNAとタンパク質合成を必要とする一種の細胞自殺をする．死んでいく細胞はバラバラの断片になり，マクロファージによって最終的に除去される．損傷による細胞死では，細胞全体が肥大し最終的に破裂してしまう傾向があるので，これらの特徴によりアポトーシスと区別できる．すべての組織の細胞は，細胞死を受け入れるように内因的にプログラムされているが，隣接する細胞からの生存を指示するシグナルによって死から逃れているだけである．アポトーシスは，増殖を制御する際とがん細胞の発生を防止する際に，鍵となる役割を果たしている．

　細胞分化は，どれくらい可逆的なのだろうか？　分化した

細胞の遺伝子発現パターンはどの程度まで，受精卵で見られるパターンに戻ることができるのか？　発現パターンが逆行できるかどうかを知る一つの方法は，分化した細胞の核を異なる細胞質の環境に置くことである．つまり，異なる組み合わせの転写因子が作用している細胞中に核を入れてみる方法である．この実験は，後で述べるように細胞のクローン化につながった．分化の可逆性に焦点を当てている最も劇的な実験では，卵の核を異なる発生段階にある細胞の核に置き換えて，正常な発生が継続するかどうかの能力が調べられた．もしその細胞が正常に発生できるのであれば，それは分化の間に，ゲノムに不可逆的な変化が起こらなかったことを示すことになる．さらにその場合，核内のある特定の遺伝子発現パターンが，細胞質で合成された転写因子やその他の遺伝子発現を調節するタンパク質によって決定されることがわかる．

そのような実験はカエルの卵を用いて最初に行われた[*3]．カエルの卵は特に実験的な操作に強いからである．受精していないカエル卵では，核は動物極の表面の直下に位置している．動物極に紫外線を照射すると，核内のDNAが破壊され，すべての遺伝子が機能しなくなる．次に，紫外線により効果的に除核された卵に，発生後期の細胞から採取した核や成体の核でさえ注入することができるので，不活化された核の代わりに注入した核が機能するかどうかを知ることができる．結果は衝撃的であった．たとえば，卵核を，初期胚からの核，あるいは成体のある種の細胞（たとえば腸や皮膚の上皮細胞）から取り出した核に置き換えても胚は発生を継続

し，オタマジャクシ期まで成長し，少数のケースであるが成体にまで成長する．このプロセスはクローン化とよばれ，移植した細胞の核の遺伝子と同一の遺伝子セットをもつ動物を作製することになる．しかしながら，成体の体細胞からの核を移植した場合，成功率は非常に低い．核移植された卵のうち，卵割ステージを無事に終えて発生する割合が低いからである．この結果は，発生のために必要とされる遺伝子が発生の間に不可逆的に変えられないことを示し，細胞の振る舞いは完全に，細胞に存在する因子で決定されることを示している．

　カエル以外の生物ではどうだろうか？　クローン化された最初の哺乳類は，有名な子羊のドリーであった．この場合，核は乳腺に由来する細胞株から取り出された．一般に，哺乳類における体細胞の核移植によるクローン化の成功率は低いが，その理由はまだ十分理解されない．しかしながら，種々の哺乳類は，たとえばウシ，ヒツジ，イヌ，ラクダについてクローンが作製されたが，サルのような霊長類ではまだクローンが作製されず，成体にまで発生していない．核移植により作製された大部分のクローン化された哺乳類は，通常何らかの点で異常がある．異常の原因は，ドナー核の再プログラミングが不完全で，移植前に起こっていたすべてのゲノム修飾を除去できなかったことによる．異常が生じた原因として考えられることは，生殖細胞ができる間に生じる正常な刷り込み過程を，再プログラミングされた遺伝子では経由しなかったことによるのかもしれない．たとえば，正常な刷り込み

過程では，雄親および雌親において生殖細胞の異なる遺伝子が不活化されることが知られている．クローン化された胚から発生する成体の異常には，ウシでは早期の死亡，肢奇形，高血圧，マウスでは免疫機能障害などがある．すべてのこれらの異常は，クローン化プロセスから生じる遺伝子発現の異常によると考えられる．研究によると，クローン化マウスにおける遺伝子の約5％が正しく発現されておらず，刷り込み遺伝子のほぼ半分が誤って発現されることがわかってきた．クローンの子供はほぼ間違いなく異常になるので，ヒトのクローン化を行ってはならない．それは，倫理の問題ではなく，それ以前の明らかに生物学的な問題である．ヒトのクローンがつくられたというマスコミ報道がなされたが，幸いにも，いずれの報告も実証されていない．

多分化能をもつ幹細胞のいくつかの例がすでに報告されており，それらは自己複製が可能であり，ある範囲内で異なるタイプの細胞に分化できる．そのような幹細胞を確実に，そして，十分な数を産生することができると，損傷や疾患により失われた細胞を置き換えるために，幹細胞を使用することができるかもしれない．これは，再生医療の大きな目的の一つである．幹細胞を用いた治療を行うためには，必要なタイプの細胞を得るために，どのように幹細胞の遺伝子活性を制御するか，いかに幹細胞に可塑性があるかを詳細に理解することが必要である．

哺乳類における多能性幹細胞の最初の例は，初期胚の内部

細胞塊に由来する胚性幹細胞（ES細胞）である．マウスES細胞は集中的に研究され，培養条件下で一見無限に見えるほど長期間維持できる．その細胞を初期胚に注入し，次に母親の子宮に入れると，ES細胞はその胚ですべてのタイプの細胞になることができる（図24）．細胞培養でマウスES細胞を多能性の状態に維持するためには，多能性幹細胞は特定の四つの組み合わせの転写因子を発現しなければならない．多能性幹細胞のみが，この四つの組み合わせを同時に発現している．ES細胞は，培養条件を，特に細胞成長因子の種類を操作することによって，特定のタイプの細胞に分化させることができる．特異的な処理により，ES細胞を心筋，血球，神経細胞，色素細胞，上皮，脂肪細胞，マクロファージ，あるいは生殖細胞にさえ分化させることができる．

　再生医療の目的は，傷害のある組織や病気にかかった組織の構造と機能を再生させることである．幹細胞は，増殖してさまざまなタイプの細胞に分化させることができるので，新しい健康な細胞の導入により組織機能を再生させる治療法である細胞補充療法に用いる細胞として利用されるだろう．従来の臓器提供者からの移植による治療には，拒絶反応や臓器の不足など付随する問題があるので，最終的には細胞補充療法に代わっていくだろう．さらに，たとえば脳と神経組織の機能を再生することも可能になるかもしれない．ヒトのES細胞の使用に関しては倫理的な問題があると主張されており，幹細胞を胚から採るときに胚が破壊されるので，人間の生命が破壊されると考えている人々がいる．胚は，非常に初

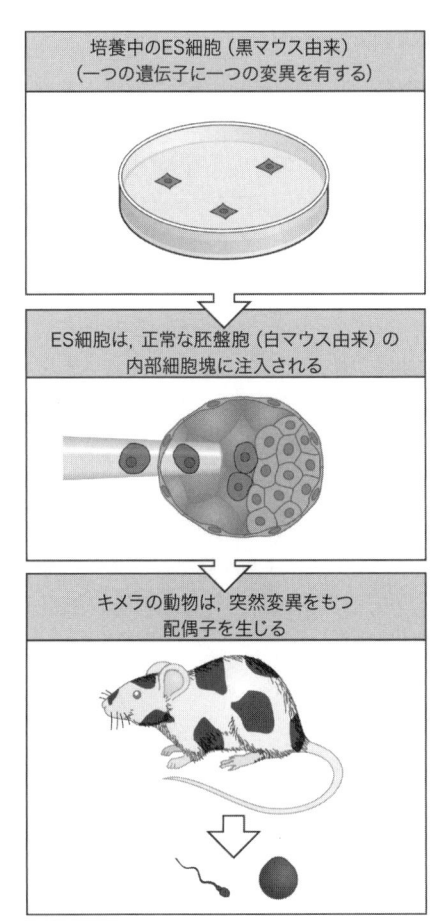

図 24 胚盤胞の内部細胞塊に注入される胚性幹細胞（ES 細胞）は，すべてのタイプの細胞になることができる．（キメラ：同一個体内に異なった遺伝情報をもつ細胞が混じっている状態．たとえば，このマウスの例では毛は白と黒のぶちになる．）

第6章 細胞分化と幹細胞

期の段階では個人を必ずしも意味するわけではないという正当な証拠がある．たとえば，かなり後の胚の段階で双生児ができるからである．実際，広く認められた IVF（体外受精）などの生殖補助医療において，多くの初期胚が失われている．IVF が承認されているにもかかわらず，ES 細胞の使用が不認可であるのは矛盾していると著者は考えている．

　ES 細胞からインスリンを産生する膵臓の β 細胞を作製して，1 型糖尿病で破壊された β 細胞を正常な細胞に置き換える治療をすることは，主要な医学的目標の一つである．ES 細胞を膵臓細胞のような内胚葉由来の組織に分化させる処理方法は，見つけるのが特に困難だった．しかし今では，マウス胚で内胚葉と膵臓の発生を誘導するシグナルについての知見を使用して，ヒト ES 細胞を膵臓前駆細胞に分化させる方法が発展している．類似の戦略は，他の疾患にも応用できる．神経変性症のパーキンソン病の治療もまた，実現が心待ちにされている．

　患者自身から取り出した多能性幹細胞を使うことは，ES 細胞に関連する倫理的な問題を回避でき，移植された細胞の免疫性拒絶反応の問題も同様に回避できるだろう．患者自身の組織から幹細胞のような細胞をつくることには大きな利点がある．**誘導多能性幹細胞（iPS 細胞）** の最近の発展により，非常にすばらしい新しい治療法が提案されている．iPS 細胞は，ES 細胞で多能性に関与する 4 つの転写因子の遺伝子を導入し発現させることによって，線維芽細胞からつくら

れた*4. 一方で, ES 細胞または iPS 細胞*5 で細胞補充療法を受ける患者には腫瘍誘導のリスクがある. つまり, 患者に導入される未分化な多能性の細胞は, 腫瘍を引き起こすことがあり得る. 移植された細胞集団に未分化細胞が絶対に存在しないように厳しく細胞を選択できる手法の開発によってのみ, この問題を解決できる. 分化した ES 細胞と iPS 細胞が長期的にどの程度安定なのか, まだ明らかになっていない.

2012 年のノーベル医学生理学賞は, 本章で述べた細胞の初期化についての研究成果をあげた, ジョン・バートランド・ガードンと山中伸弥に授与された*6. 山中らは, 体細胞を胚性幹細胞へと初期化する因子を探索するために, ES 細胞に特異的に発現する *Fbx15* という遺伝子に着目した.「通常は *Fbx15* を発現しない線維芽細胞が, 何らかの方法で多能性を獲得すると *Fbx15* を発現するようになる」との仮説を立て, *Fbx15* が発現するとネオマイシン耐性遺伝子が発現し, 細胞が G418（抗生物質の 1 種）耐性となって生き残るというアッセイ法を開発した. ES 細胞で特異的に発現し, 多能性の維持に重要と考えられる因子について, 理化学研究所の ES 細胞データベースを検索した. また, マイクロアレイ法により 24 個の候補遺伝子を選んで, レトロウイルスを用いて遺伝子導入実験を行った. その結果, どの遺伝子も単独では G418 耐性を誘導できなかったが, たまたま 24 個すべての遺伝子を導入した細胞が, G418 耐性の細胞からなるコロニーを形成していた. この ES 様細胞株を「iPS 細胞」と命名した. 24 個の遺伝子から, 一つずつ遺伝子を除いて

アッセイを行い,最終的にiPS細胞を得るには4遺伝子で十分であることを発見した.この4遺伝子は *Oct3/4*・*Sox2*・*Klf4*・*c-Myc* で,「山中因子」とよばれている.これらの研究成果は,2006年8月に「セル」誌に掲載された.その後,ヒトのiPS細胞も樹立され,その成果がノーベル賞の授賞につながった.iPS細胞を臨床的に応用するには,まだ解決しなければならない課題もあるが,網膜の変性により失明する患者のために,iPS細胞から網膜細胞をつくり,それを用いた治療なども準備されている.

(＊訳注2) 両方とも必要である可能性もある.

(＊訳注3) この実験は,ジョン・バートランド・ガードンによって1962年に行われ,彼は2012年に山中伸弥とともにノーベル生理学・医学賞を受賞した.

(＊訳注4) 山中伸弥により発見され,2012年のノーベル医学生理学賞を受賞した.

(＊訳註5) まだ臨床応用されていない.

(＊訳注6) ある国際会議でランチを受け取るためにできた列に並んでいたときに,たまたまガードン博士が私の後ろに来たことがある.「ジョン,一つ聞きたいことがあるのですが? そもそもなぜカエルの研究をスタートしたのですか?」「昔,医学領域で,アフリカツメガエルに妊娠した女性の尿を注射すると数時間以内に産卵するため,妊娠検査用に利用していたので,入手が簡単だったからです.」と教えていただいた.ガードン博士は1995年にナイト(騎士)の称号を受けており,サー(騎士爵)を名前につけてよぶことになっている.有名なエピソードとして,学生のときに教員から「生物学者には向いていない.」と成績表に書かれたことがある.博士は,iPS細胞を作製する方法は成功率が低いが,核移植ではもっと確

率が高いので，初期化には別のメカニズムがあるのではないかと予想している．

　山中博士は2006年にマウスのiPS細胞の作製に成功していたが，まだヒトのiPS細胞の作製には成功しておらず，現在ほど有名でない頃に，講演をしていただいたことがある．その講演の最初のパワーポイントは，「PAD」つまりポスト・アメリカ・ディプレッション（米国後うつ病）であった．米国から帰国後，アメリカでは「テクニシャン」に依頼する仕事であるマウスの世話などを行い，研究の時間がとれないことなどから「うつ」状態になり，研究をあきらめることを考えていたことから話がはじまった．幸い，奈良先端科学技術大学院大学の助教授職の公募に応募して採用されたことが，iPS細胞の研究へのスタートとなった．

第 7 章

器　官

　　動物の基本的なボディプランが一度設定されれば，次に四肢や眼のように変化に富む器官の発生がはじまる．器官発生には多数の遺伝子が関与しており複雑なため，一般原則を抽出するのは非常に困難である．それにもかかわらず，器官形成で使われるメカニズムの多くは初期発生のメカニズムと類似しており，特定のシグナルが何度も使われる．種々の器官発生のパターンは，何かの勾配によって特定される**位置情報**によって形成される．基本的な考え方をフランスの国旗を用いたモデルで説明する（図25）．フランス国旗は左から青・白・赤と染め分けられている．国旗の全面が細胞でできていると仮定すると，細胞が自分の国旗内の位置を知っており，位置に応じてどの色の細胞になるかを解釈することができれば，細胞は赤，白，青に分化することができる．国旗内に左から右へある分子の濃度勾配があると仮定しよう．そこで，その分子の濃度が高い領域は青，中間の濃度領域は白，低い

濃度領域は赤と細胞が解釈できるとすると，フランス国旗のようなパターンが形成される．この場合，ある分子の濃度が位置情報を細胞に与えることになる．このモデルの利点は，小さな国旗でも大きな国旗でも，国旗の大きさが異なっても同じパターンを形成できることである．このように，細胞は，ある場において，そこに形成される分子の濃度勾配によってその位置を知る可能性がある．

フランス国旗のようにパターン化される場合に，その領域には国旗の左端のような一つの境界領域が存在する．その境界領域にはある特殊化された細胞のグループがあり，シグナルを送ることができると仮定する．境界領域の細胞グループはシグナルとしてある分子を産生し，その濃度は産生細胞から離れると減少するので濃度勾配が形成される．この濃度勾配があると，細胞の位置が変わるとシグナル分子の濃度が変化するので，細胞はすべて，その特定の位置の濃度を読んで解釈し，特定の組み合わせの遺伝子群を発現させることにより，その位置にふさわしい反応を起こす．このように濃度勾配をもち，細胞運命に位置情報に応じた変化を誘導することができる分子を**モルフォゲン（形原）**とよぶ（37ページ参

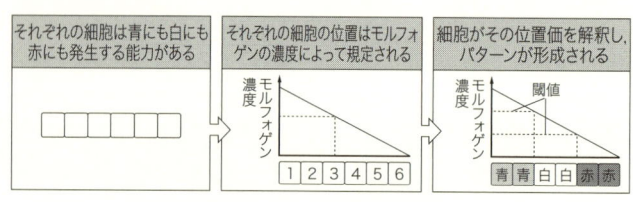

図25 フランス国旗モデル．

照).位置情報に関係する濃度勾配の存在は,発生の間に形成されるさまざまなパターンを説明するために提案された.モルフォゲンは,前後軸および背腹軸の形成,昆虫における体節と成虫原基のパターン形成,脊椎動物における中胚葉パターン形成,脊椎動物の肢パターン形成,脊椎動物の神経管の背腹軸に沿ったパターン形成などに関与していると考えられている.位置情報の勾配がどのように形成されるか,特にモルフォゲンの拡散と細胞-細胞相互作用との相対的な役割はまだ解明されていない.

脊椎動物の胚の肢において,その発生初期の基礎的なパターンはかなり単純なので,器官の発生を研究するために特によいシステムである.肢パターン形成の基本原理はニワトリ胚で最も精力的に研究されているが,その理由は発生している四肢自体に容易にアクセスでき,顕微鏡下での手術などの胚操作ができるからである.一方,マウスではおもに自然発生的な突然変異や人工の突然変異体を用いて,肢発生のメカニズムが研究されている.ニワトリ胚において,翼形成の最初の段階は,胚の体壁から生じる小さい突出物である肢芽の形成である.肢の骨格をつくる要素は軟骨として最初に形成されて,後で骨に置き換えられ,筋肉と腱が発生する.肢は,三つの発生の方向軸をもっている.遠近軸は,肢の肩部から先端までの方向,前後軸は,親指から小指への方向(ニワトリ翼には指2から指4までの3本がある),背腹軸は手の背側(甲)から手の内側(平)への方向である.初期の肢芽は,ゆるく集合した増殖性の細胞塊を外胚葉細胞でできた

外層が包んだ状態である．骨と腱はこれらのゆるく集合した細胞から発生するが，肢の筋肉は別の系譜をもち，体節から肢芽に遊走してくる．

肢芽の先端で肥厚した外胚葉の頂堤は，肢芽を背腹軸方向に扁平にしている．外胚葉性頂堤の直下に，急速に増殖している未分化細胞があり，進行帯とよばれている．細胞はこの進行帯を出るときに分化しはじめる（図26）．肢の組織化に必要な二つのおもな領域は外胚葉性頂堤と極性化域である．頂堤は，肢の成長のためと肢の遠近軸に沿った正しいパターン形成のために不可欠なシグナルを産生する．一方，極性化域は，肢芽の後側の一群の細胞が存在する領域で，肢の前後軸に沿ったパターンを決定するために必要不可欠である．極性化域の細胞は，シグナルタンパク質であるソニックヘッジホッグ（Shh）を発現する．

肢芽が成長するにつれて，細胞は分化しはじめ，軟骨構造が現れはじめる．肢の近位部分，つまり体幹に最も近い部分が最初に分化し，肢芽が伸長するにつれて，分化は肢の先（遠位）のほうへ進行する．翼の軟骨形成要素は，ニワトリ翼で近位から遠位へ連続して形成される．上腕骨，橈骨と尺骨，手首の形成要素，3本の容易に識別可能な指2，3，4の順である．

ニワトリ肢芽の形成は細胞が獲得する位置情報によって決定されると考えられるが，少し論争がある．肢の各細胞の位

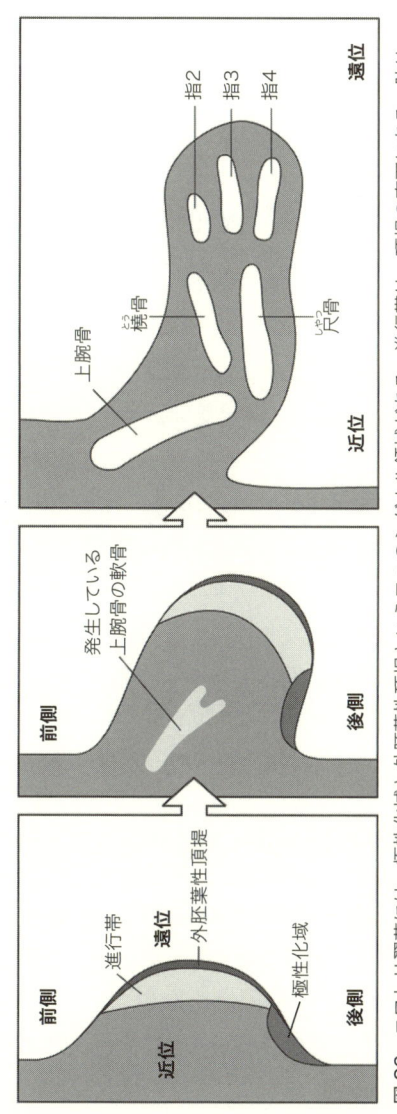

図26 ニワトリ翼芽には、極性化域と外胚葉性頂堤という二つのシグナル領域がある。進行帯は、頂堤の直下にある。肢は、遠近軸方向に発生する。

第7章 器官　105

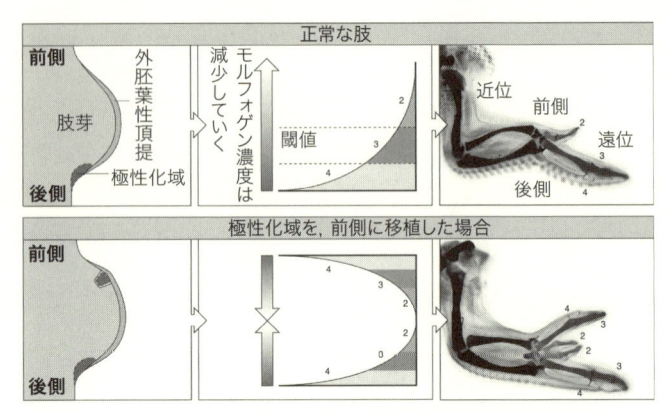

図 27 極性化域は,位置を特定する勾配をつくる.

置は,三つの軸に関する固有の座標により決まる.翼芽の前後軸に沿ったパターン形成については,3本の指の形成に着目する.この軸に沿ったパターン形成は,個々の指の位置を決め,指の特性を与えることである.前後軸に沿った組織化を担う領域は,極性化域である.初期のニワトリ翼芽からの極性化域を別の初期のニワトリ翼芽の前側に移植すると,鏡像対称のパターンで翼が形成される.指のパターンは,234という正常なパターンの代わりに432234になる(図27).肢の筋肉と腱のパターンも,類似の鏡像的変化を示す.過剰指は移植を受けたほうの胚の肢芽に由来し,移植片からではないので,移植された極性化域は,肢芽前部で,移植を受けたほうの胚の細胞の発生運命を変えたことを示している.極性化域が前後軸に沿って位置を特定できる一つの方法は,モルフォゲンを産生することによってであろう.すなわち,モ

ルフォゲンである拡散性の分子が後側から前側へ濃度勾配を形成しており，モルフォゲンの濃度が指の特徴を決めていると考えられる．指4は，高濃度で形成され，低濃度だと指3，さらに低濃度だと指2が形成される．少数の極性化域細胞が前側に移植されると，過剰な指2だけが形成される．脚の極性化域にも，同様の効果がある．他の脊椎動物（マウス，ブタ，イタチ，カメ）の肢芽，さらにヒトの肢芽さえ極性化域をもつことが示されている．これらの動物種の肢芽後部をニワトリ翼芽の前側に移植すると，過剰なニワトリ翼の指が形成される．このことは，シグナルの効果は反応する細胞に依存することをうまく示している．ヒトの指が5本に分かれているのは，指の軟骨形成要素の間にアポトーシス（プログラム細胞死）が生じるからである．カモなどでは足に水かきがあるが，これは指の間に生じる細胞死が単に少ないためにできる．

指を形成するモルフォゲンは，位置情報だけでなく，指の特徴も決めているかもしれない．モルフォゲンを産生する極性化域の細胞を含まない肢の細胞をランダムに混合し，外胚葉の皮で包むと，指を含む軟骨形成要素が形成される．すなわち，肢芽にある種の自己組織化のメカニズムが存在し，指様のものを形成することができるが，それらに異なった特性を与えることはできない．自己組織化のメカニズムは，たとえば，反応-拡散の原理に基づくかもしれない．これは，エンゼルフィッシュの縞模様の繰り返しパターンを説明するために提案されている原理である．拡散する分子が，別の分子

との相互作用により自発的に濃度の空間的なパターンを形成する．つまり自己組織化する化学反応系がある．分子の最初の分布は均一であるが，時間とともに，その系は波状のパターンを形成するというのである．この反応-拡散システムは，アラン・チューリングによって発見された．同様のメカニズムにより，動物の皮膚の色素パターンの形成もできるので，指の配列のような周期的パターンも同じかもしれない[*7]．

　遠近軸に沿ってパターン化するメカニズムについては，まだ議論の余地がある．微細な手術によってニワトリ肢芽から頂堤を除去すると，成長は有意に遅くなり，肢は遠位部が欠失し，切断されたようになる．頂堤をより早く除去すればするほど，効果はより大きい．頂堤からの鍵となるシグナルは，線維芽細胞増殖因子（FGF）である．最も長い間信じられているモデルは，次のとおりである．遠近パターン形成は，細胞が先端の頂堤の下にある進行帯に留まる時間によって決定されるとする．肢芽が成長するにつれて，細胞は進行帯から絶えず生まれる．肢芽が近位から遠位まで伸長するので，最も初期に進行帯から出る細胞は近位の要素を形成し，最後に出るものは指の先端部を形成する．モデルでは，細胞は進行帯で過ごす時間を測定し，遠近軸に沿ってそれらの位置価を与える．このような肢の発生時期を調整する仕組みは，頂堤が除去されて進行帯がもはや存在しないと，遠位で切断されたような肢が形成されるという観察と矛盾しない．もう一つの証拠は，初期にニワトリ翼芽の進行帯で，X線照射などによって細胞増殖を抑制するか細胞を殺すと，近位構

造が失われるが，遠位構造は失われずほぼ正常となることである．進行帯の中のX線照射を受けた多くの細胞は分裂しないので，通常より進行帯を出る細胞が少なくなるため，近位の形成要素が欠失するが，やがて正常な細胞が段階的にふたたび形成され，遠位構造が形成される．このようなモデルにより，近位の肢構造の欠失を説明することができた．ちょうど肩部に手が形成されている乳児が1950年代後期と1960年代初期に生まれた．その母親は，つわりを楽にするための薬であるサリドマイドを妊娠中に服用していた．サリドマイドは血管の発生を阻害するということが知られており，進行帯を含む初期の肢芽全体を通じて広範囲な細胞死が生じたと考えられる．しかしながら，これらのモデルに対しては批判があり，他のモデルも提案されている．X線照射とサリドマイドの両者の作用では，肢の近位領域がすでに形成されているが遠位の構造を形成する細胞の分化はまだはじまらない時期に，肢の骨形成に必要な軟骨前駆細胞がX線照射やサリドマイドにより除去されたため，肢の奇形が生じたと説明するモデルである．

　肢の筋肉になる細胞は体節から肢芽に移動して増殖し，まず予定筋肉（将来筋肉になる組織）の背部および腹部の塊を形成する．これらの細胞塊は，個々の筋肉を生じるために，一連の分裂をする．予定筋細胞は，軟骨や結合組織細胞と異なり位置による違いがない．したがって，筋のパターンは，将来の筋肉細胞の移動に必要な肢芽の細胞により決定される．おそらく，移動している筋細胞と結合する細胞によって

決定される.

　腱や筋肉と軟骨の間の正しい接続が形成されるメカニズムには,ほとんど(あるいは何も)特異性がない.発生している翼の先端の背腹を人為的に逆にすると,背側および腹側の腱は不適切な筋肉や腱に結合する.すなわち,軟骨の自由末端の最も近くにある筋肉や腱と無差別に結合する[*8].

　ハエの成虫器官や付属器官(たとえば翅,脚,眼と触角)は,成虫原基から発生する.原基は胚の外胚葉に由来しており,胚発生の間は上皮の単純な袋である.それらが特異的な成虫の構造になる変態の時期まで,袋として維持される.すべての成虫原基が類似しているように表面的には見えるが,それらが位置する体節に依存して発生する.成虫原基の特性と発生は,*Hox*遺伝子によって制御されている.翅と脚の原基は20〜40個の細胞のクラスターとしてまず特定され,幼虫が発生する間に約1000倍にまで成長する.脚は,成虫原基のリング状の領域から発生する(図28).脚が伸びるにつれて,原基の中心は脚の先端になる.成虫原基のパターン形成は,変態までにほとんど終了しているが,原基内で,一連の完全な解剖学的変化が生じて成体の翅や脚ができる.

　チョウの翅の色模様は非常に多様であり,1万7000以上の種を識別することができる.これらの多数のパターンは,縞模様と同心円状の眼点からなる基本的な「設計図」から変化したものである.チョウの翅は,ハエの翅と類似した過程

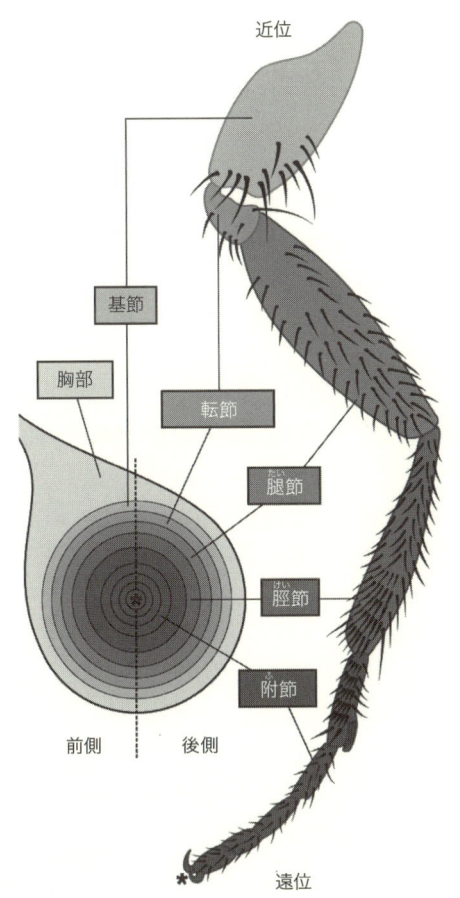

図 28 ショウジョウバエ (*Drosophila melanogaster*) の脚の成虫原基の予定運命図.

で，成虫原基から形成される．眼点は翅原基の発生の後期で決定される．そのパターンは眼点の中心から産生されるシグ

ナルにより形成される．眼点の発生と遠位の脚のパターン形成は類似のメカニズムによる可能性があり，3次元の遠近パターンをもつ脚を遠位から押しつぶして無理矢理2次元のパターンにしたものを，翅の眼点とみなすことができる．異なる成虫原基は同じ位置価をもっており，翅と脚の原基は位置情報のシグナルを異なって解釈すると考えられている．この解釈は *Hox* 遺伝子によって制御されており，脚と触角に関して明確に示すことができる．*Hox* 遺伝子アンテナペディアは，通常，擬体節4と5で発現されており，一対の第2脚の原基に特異的であるが，もしそれを頭部領域で発現させると，触角が脚になる．正常な触角原基の細胞の一部に人為的にアンテナペディアを発現させることができる．これらの細胞は，脚の細胞として発生するが，脚細胞のいずれのタイプになるかは，遠近軸に沿ったそれらの位置によって正確に決まる．たとえば，それらの細胞が先端部にある場合，爪を形成する．したがって，触角と脚の細胞の位置価は同じであるが，二つの構造の差は，位置価の解釈に依存し，特にアンテナペディア遺伝子が発現するか，発現しないかにより決定される．一度，進化においてパターンをつくるよい方法が見つかると，それを何度も使用しているということである．

　昆虫の複眼や脊椎動物のカメラ眼のような複雑な構造は，進化により達成された高度な器官である．眼のすべてに，光を焦束するレンズ，光を感知する視細胞からなる網膜，迷光を吸収して，光受容体による情報伝達に干渉するのを阻止する色素上皮層がある．最終的にでき上がった眼の形には解剖

学的に大きな差があるにもかかわらず,いくつかの同じ転写因子が,昆虫と脊椎動物で眼の形成を調節している.

脊椎動物の眼は神経管と頭部の外胚葉から発生して,基本的に前脳が伸びたものであるが,その上にある外胚葉と移動性の神経堤細胞が眼の形成に必要である.眼の発生は前脳の後部にある上皮性の壁の膨らみができることからはじまり,眼胞を形成する.それは表層外胚葉に出会うまで伸長する.眼胞は外胚葉と相互作用して,レンズの形成を誘導する.レンズの誘導の後,眼胞の先端は陥入し,二層からなる眼杯を形成する.内側の上皮層は神経網膜を形成し,外層は網膜色素上皮を形成する.レンズ領域は陥入して,表層外胚葉から分離し,上皮でできた小さい中空の球を形成する.それはレンズに分化し,その細胞はクリスタリンタンパク質を産生しはじめる.これらの細胞は内部構造を最終的に失い,クリスタリンで満たされた完全に透明なレンズ線維になる.角膜は,眼の表面を覆う透明な上皮である(図29).

幅広い種で機能が保存されている遺伝子の代表的な例は,*Pax6*である.*Pax6*はすべての左右相称動物において光を感知する構造の発生に必要なもので,昆虫の複眼や脊椎動物のカメラ眼も例外ではない.*Pax6*に突然変異をもつヒトは,虹彩症として知られている種々の眼の奇形が生じる.興味深いことに,ハエの眼以外の成虫原基で*Pax6*の発現をオンにすると,複眼の発生が誘導され,眼が形成される(図30).

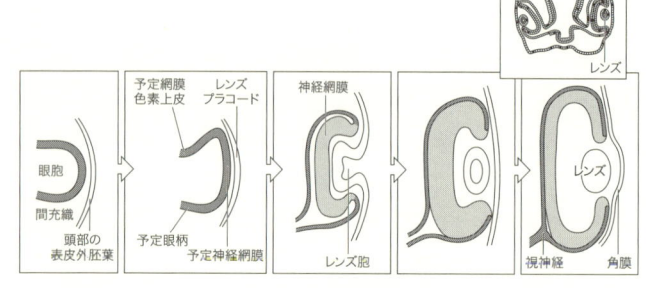

図29 眼の形成過程.

多細胞動物の体には，血管や腎臓の尿細管など多数の管がある．哺乳類では肺があり，気道が分枝している．これらの管状系の多くは，発生の途上で広範囲な分岐形成を行う．ハエの気管系の発生は，分岐形成に関する非常によいモデルになり，脊椎動物の肺の形態形成プロセスを制御している遺伝子の同定につながってきた．空気は体壁の小孔を通してハエ

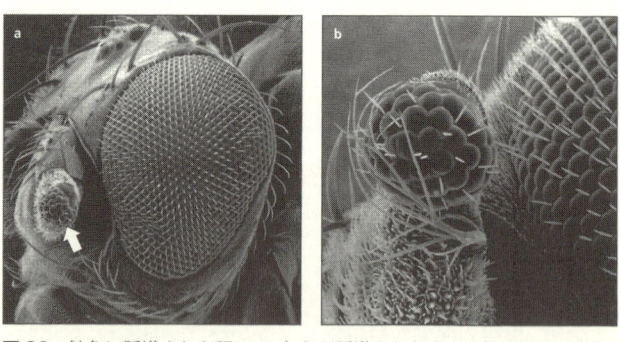

図30 触角に誘導された眼．a：矢印が誘導された小さな複眼．b：誘導された複眼の拡大写真．

幼虫の気管系に入り，酸素は，胚形成の間，20個の開口部（両側＝片側10個×2）から発生する約1万の微細な気管を通して各組織に届けられる．開口部の外胚葉は，約80個の細胞の中空の袋を形成するように陥入する．連続した分岐形成により，何百もの微細な末端の分岐が生じる．注目すべきことに，分枝した管を形成する袋の伸長には，いかなる細胞増殖も含まれず，方向性をもった細胞移動，細胞の挿入による再配列，細胞形態の変化により達成される．発生が進行するにつれて，分岐したものは融合し，相互に接続した管が体全体に広がるネットワークを形成する．ハエの気管とは異なり，脊椎動物の肺の気管の成長と分岐形成は，細胞移動よりもむしろ伸びている管の先端の細胞増殖の結果である．それにもかかわらず，おもな管からの細管の形成と成長は，ハエと同様に，周囲の中胚葉細胞からのシグナルと管状上皮の相互作用に依存しており，シグナルの多くはハエと同じである．

　血管と血球を含む脈管系は，もっともなことだが，脊椎動物の胚で発生する最初の器官系の一つである．それにより，急速に発生している組織に酸素と栄養分を届けることができる．血管系を規定している細胞は内皮細胞で，心臓，静脈と動脈を含む全循環系の内壁を形成する．血管は内皮細胞によって形成され，血管は結合組織と平滑筋細胞によって被覆される．動脈と静脈は，構造および機能的な差と，血流の方向によって区別される．細胞が血管を形成する前に，動脈性か静脈性かが決まるが，アイデンティティを変えることは可能

である．その後，最初にできた管が伸びて分岐して，動脈，静脈と毛細血管の広いネットワークを形成し，体の全体を通じて分岐している血管系が丹念に形成される．

血管細胞の分化は成長因子である血管内皮増殖因子（VEGF）とその受容体を必要とし，血管内皮増殖因子はそれらの増殖を刺激する．*Vegf* 遺伝子の発現は酸素の欠乏によって誘導されるので，酸素を使い果たしている活発な器官はそれ自身の血管形成を促進する．新しい毛細血管は，既存の血管からの発芽形成と形成された新芽（スプラウトとよぶ）の先端の細胞の増殖により形成される．先端の細胞は糸状仮足様の突起を伸ばし，スプラウトの伸長とその方向を決めている．それらの発生の間，血管は特異的な経路に沿って目標のほうへ進む．その先端の糸状仮足は，他の細胞上や細胞外マトリックスの中にある誘引物質と忌避物質のシグナルに反応している．多くの固形腫瘍はVEGFと他の成長因子を産生し，血管の発生を刺激して，腫瘍の増殖を促進する．したがって，新しい血管形成を抑制することは腫瘍成長を抑える一つの手段である．

脊椎動物の心臓の発生では，中胚葉の管の特異化により，その長軸に沿ってパターンが形成される．心臓は胚で形成される最初の大きな器官の一つである．それはまず，二つの上皮層から構成される一つの管として確立され，その一つが心筋を生じる．発生の間に，この管は，長軸方向に二つの部屋，心房および心室に分離される．心臓の発生後期に，胚の

左右非対称性に関係して，心臓管の非対称なループ形成が生じる．二部屋ある心臓は成体の魚における基本的な心臓の形態であるが，鳥類や哺乳類のようなより高度な脊椎動物においては，ループ形成とさらなる隔壁化により四部屋ある心臓が形成される．ヒトにおいて，100人の新生児の中で約一人は先天性の心奇形をもつ．子宮内で胚性致死につながっている子宮内の心臓の形成異常は，胎児の5〜10％に生じる．

花

花は高等植物の生殖細胞を含む，シュート（茎の周りに葉がある構造のこと）の分裂組織であるメリステム[*9]から発生する．大部分の植物において，葉を形成するシュートメリステムから花を形成する花のメリステムへの転換は，おもに環境により制御されている．つまり，日長や温度が重要な因子である．花は，花の器官である萼片，花弁，おしべ，心皮（めしべ）が並んだものであり，複雑な構造をしている．花の個々の部分は，花のメリステムによって生じる花器の原基から各々発生する．葉の原基はすべて同一であるが，それとは異なって，花器原基の各々は正しいアイデンティティを与えられ，それによってパターン化されなければならない．シロイヌナズナの花は四つの同心性の輪状構造物からなる（図31）．それはメリステムでの花器原基の配列を反映している．萼片（輪生体1）は，メリステム組織の最も外部の環から，花弁（輪生体2）は，すぐ内側にある組織の環から生じる．さらに内側の環は，オスの生殖器官であるおしべ（輪生体3）になる．メリステムの中心は，メスの生殖器官である心

萼片(Se)
花弁(Pe)
おしべ(St)
心皮(Ca)

野生型遺伝子の機能発現パターン

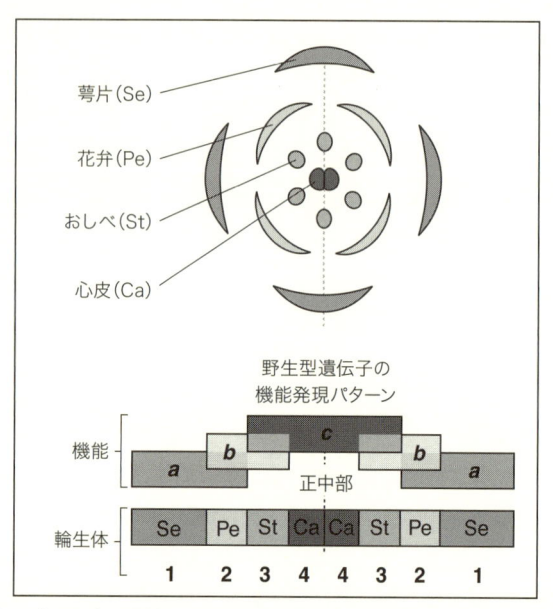

機能: *a* | *b* | *c* | *b* | *a*
正中部
輪生体: Se | Pe | St | Ca | Ca | St | Pe | Se
1　2　3　4　4　3　2　1

図31　花の発生. 領域 a で活性化される遺伝子は萼片を特定する. 領域 a と b の重なりで花弁を特定する. 領域 b と c の重なりはおしべ領域を, 領域 c のみで活性化される遺伝子は心皮を特定する.

皮（輪生体4）になる．このようにシロイヌナズナの花のメリステムは16個の別々の原基から成り，4つの萼片，4枚の花弁，6つのおしべと2つの心皮をつくる．

　萼片などの原基はメリステムの中の特異的な位置で形成されて発達し，特徴的な構造になる．ハエで体節の特性を決定するホメオティックなセレクター遺伝子のように，花の特性を決める遺伝子の変異によって，花の一部分が別の部分と置

き換えられるホメオティック突然変異が生じる.シロイヌナズナ変異体において,たとえば,萼片が心皮に,花弁がおしべに置き換えられる.そのような突然変異により,花器の特性を決める遺伝子を同定でき,それらがどのように花をつくるかわかった.これらの変異体の形態は,どの花器になるかを特定する遺伝子活性の重なりを考えた簡潔なモデルによって説明できる.この方法は,ハエのホメオティック遺伝子が昆虫の体に沿った体節の特性を特定する方法を想起させる.しかしながら,具体的には多くの相違があり,動物のホメオティック遺伝子とはまったく異なる遺伝子が関与している.本質的に,花のメリステムは,ホメオティック遺伝子の発現パターンによって,三つの同心円状の重なり合った領域 a, b, c に区別される.これによりメリステムは,輪生体1〜4に対応している四つの領域に仕切られる.a, b, c 領域のそれぞれは,ホメオティック遺伝子の一つのクラスが作用する領域に対応する.領域 a, b, c の特定の組み合わせがそれぞれの輪生体に固有のアイデンティティを与えて,器官アイデンティティが特定される.さまざまな研究により,花の発生においては,異なるメリステムの層が相互に情報を交換し,転写因子が細胞間を移動することができることが示されているが,それは動物の発生では生じない.

(*訳注7) 2012 年に指の配列は反応-拡散システムにより形成されることが報告された.

(*訳注 8) 四肢が体のどこに形成されるかについては，興味ある問題である．四肢ができる位置は，*Hox* 遺伝子により決定されており，肢芽を誘導する因子として線維芽細胞増殖因子 10（FGF10）が発見された．

(*訳注 9) 分裂組織と訳されるが，本書ではメリステムを使用する．

第8章
神 経 系

　神経系は，動物胚の器官系統の中で最も複雑である．たとえば哺乳類では，10億の神経細胞（ニューロン）が，高度に組織化された神経接続のパターンをつくり，脳や脳以外の神経系をつくるニューロンネットワークを形成する．ニューロンと同じくらいの数の支持細胞（グリア）もあり，たとえばシュワン細胞は神経細胞を絶縁するはたらきをする．これまで見てきたように，原腸形成期に，脊椎動物胚の背側領域の外胚葉が神経板として運命付けられ，神経板は神経管を形成し，神経管から脳が発生する．一方，脊髄はより後部の神経管から形成される．神経管から派生した細胞が神経堤細胞となり，神経堤細胞は，体全体へ移動して，神経細胞や他の型の細胞を生み出す．神経系は，骨格系や筋肉系などを制御するために，骨や筋肉などとの正しい関係を維持して発生しなければならない．

外胚葉からの神経組織の誘導は，カエルのシュペーマン・オーガナイザーの移植実験によって最初に示された．初期胚の小さい領域（シュペーマン・オーガナイザー）を，同じ発生時期の別の胚に移植すると，部分的に二次胚が発生し，通常腹部の表皮を形成する宿主の外胚葉から神経系が発生する．1930〜1940年代に膨大な努力がなされて，両生類の神経誘導に関わるシグナルが同定された．鍵となった発見は，骨形成タンパク質（BMP）阻害因子ノギン（シュペーマン・オーガナイザーから最初に単離された分泌性タンパク質）がカエル胚の外胚葉から取り出した部分（外植体）において神経分化を誘導できるということだった．この結果は，BMPによる情報伝達がない場合，神経板のみが発生するということを示唆していた．これらの観察は，カエルにおける，いわゆる神経誘導の「デフォルトモデル」につながった．つまり，背側の外胚葉はデフォルト状態で神経組織として発生することを示しているが，この経路がBMPの存在によって阻害されると，表皮として発生する．シュペーマン・オーガナイザーの役割は，BMP活性を阻害するタンパク質を産生して，BMPの表皮分化作用を解除することである．しかし，デフォルトモデルは完全な答えではなかった．なぜなら，カエルとニワトリにおける神経発生には，BMPの作用がノギンの存在によって解除されるだけでは不十分で，他のタンパク質を必要としたからである．したがって，神経誘導は，複雑な多段階プロセスであるといえる．脊椎動物の間で神経誘導のメカニズムは本質的に類似している．というのは，ニワトリ胚のヘンゼン結節がカエル外胚葉で神経関連の

遺伝子発現を誘導することができるからである．このことは，進化の過程で誘導シグナルが保存されていることを示唆している．

神経系のパターン形成は，その下方の中胚葉からのシグナルによって最初に起こる．そして，前部の中胚葉の部分は脳をもつ頭部を誘導するが，後部の中胚葉は脊髄をもった体幹を誘導する．中胚葉による情報伝達は質的，量的に異なるために，前後軸方向の神経パターン形成も異なってくる．体軸に沿ったタンパク質による情報伝達に量的な違いがあり，胚の後端で最高レベルになるために，後部の神経組織にはより後部のアイデンティティが与えられる．*Hox* 遺伝子は脊髄に沿って発現し，ニューロンに位置に応じたアイデンティティを与える．

ニューロンには何百という異なったタイプがあり，かなり似ているように見えても異なったアイデンティティをもち，異なったニューロン間の連結をしている（図32）．ニューロンは細胞体から長い神経突起を出すが，神経突起は何らかの分子によりその標的に導かれているに違いない．ニューロンは，非常に長く伸びた神経軸索に電気信号（神経インパルス）を送り，筋肉や他のニューロンにシグナルを伝達する．ニューロンは，シナプスという特別な連結部をつくって，ニューロン同士で，あるいは筋肉のような標的細胞に連結する．ニューロンは，他のニューロンからその高度に分岐した短い神経突起を通して入力を受け取り，シグナルがニューロ

第8章　神経系

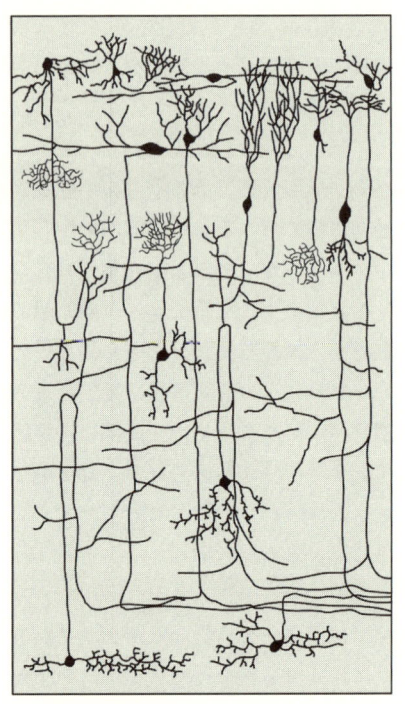

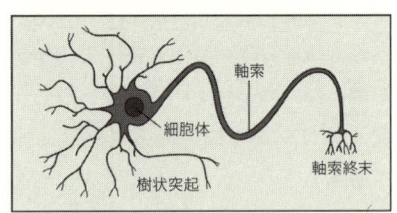

図 32 ニューロンには，さまざまな形状や大きさのものがある．脳には，ここで示すより多くの神経接続がある．一つのニューロンは，小さく丸い細胞体からなり，細胞体には核を含み，一本の軸索と樹木のような分枝構造をもった樹状突起を伸ばす．他のニューロンからのシグナルは，樹状突起で受け取られる．

ンを活性化するのに十分強い場合に,神経インパルスすなわち活動電位といった形の新たな電気信号を生じる.そのあと,この電気信号は軸索を通って軸索終末(神経終末ともいう)に伝導され,別のニューロンの表面,または筋細胞の表面でシナプスをつくる.中枢神経系の一つのニューロンは,10万もの異なる入力を受けることができる.軸索を伝わってきた電気信号は,シナプスにおいて,アセチルコリンのような神経伝達物質という化学信号の形に変えられる.神経伝達物質は,軸索終末で放出され,対面している標的細胞の細胞膜にある受容体に作用し,新しい電気信号を発生させるか抑制する.神経系はニューロンが互いに正しく接続している場合にのみ適切に機能する.したがって,神経系の発生に関する中心的な問題は,どのようにニューロン間の接続(連結)が適切な特異性をもって発生していくかということである.ヒトの脳のニューロンの数は,通常,およそ1000億と推定される.その中でどのくらいの数のニューロンが特殊であるか,もしくは同じような性質をもっているかはわかっていない.

　神経系は複雑であるが,他の器官の細胞の分化や発生のプロセスと同様に形成される.神経系発生の全体のプロセスは,四つの主要段階に分けることができる.どのような種類のニューロンになるかの決定,ニューロンの標的細胞に向かう軸索の成長,標的細胞(他のニューロン,筋肉または腺細胞)とのシナプス形成,軸索分岐の除去と細胞死によるシナプス連結の修正(図33)である.ニューロンは,脊椎動物

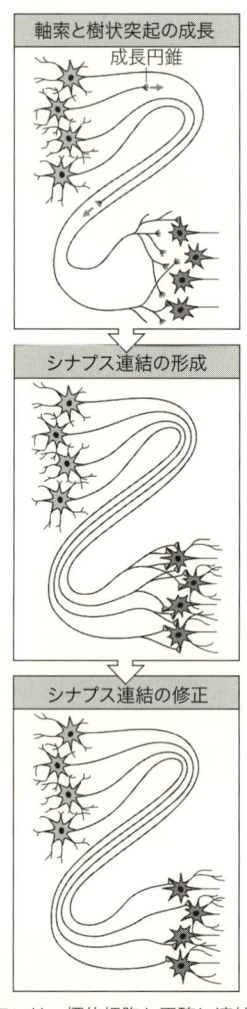

図33 ニューロンは，標的細胞と正確に連結する．軸索はまず伸長し，多くの細胞に接続し，その後，連結を修正する．

の神経管の増殖帯において，多分化能をもつ神経幹細胞から形成される．神経幹細胞は，多くの異なるタイプのニューロンとグリアをつくることができる．長年にわたって，成体の哺乳類の脳では新しいニューロンは発生しないと思われてきた．しかし，成体の哺乳類の脳においても正常な機能として新しいニューロンが産生されることがわかり，ニューロンをつくることのできる神経幹細胞が成体の哺乳類で特定されている．

　将来の運動ニューロンは腹側に位置し，脊髄の腹側根を形成する．感覚神経系のニューロンは，神経堤細胞から発生する．脊髄の背腹軸方向の組織形成は，脊索のような腹部領域から産生されるソニックヘッジホッグ（Shh）タンパク質シグナルによってつくり出される．Shhは，神経管で腹側から背側にかけて濃度勾配を形成して活性をもち，腹側のパターン形成に関する位置情報をもったシグナルとして作用する．背腹軸に沿って組織化されるだけでなく，脊髄の前後軸に沿った異なる位置に存在するニューロンは，異なる機能をもつように特異化される．脊髄ニューロンの機能が前後軸に沿って特異化されることは，約40年前，以下のような実験によって明らかにされた．それは，ニワトリ胚の翼部の筋肉を神経支配する脊髄の断面を，別の胚の脚部に移植するという実験であった．移植を受けたヒヨコは，両脚を同時に動かした．それは歩くときに片方の脚を交互に動かすのではなく，翼を動かすかのような動きであった．このような研究から，脊髄のある特定の前後軸で発生する運動ニューロンは，その

位置に特有の性質をもつことがわかった．脊髄は，発現している *Hox* 遺伝子の組み合わせによって，前後軸に沿って異なる領域に区分けされる．典型的な脊椎動物の四肢は，50以上の筋肉群をもっており，それぞれの筋肉にニューロンが正確なパターンで接続していなければならない．個々のニューロンは特定の組み合わせの *Hox* 遺伝子を発現しており，その発現パターンによって，どの筋肉がどのような神経支配を受けるか決められている．つまり，背腹軸および前後軸方向の遺伝子発現によって，脊髄における機能的に異なったニューロン群に本質的に独自の個性が備わるようになっている．

　神経系のはたらきは，神経回路の形成に依存するが，神経回路の中でニューロンは互いに非常に多くの，しかも正確な連結をしている．神経系発生に特有の特徴は，神経軸索の伸長と誘導（ガイダンス）であり，神経軸索が神経細胞体から長い突起を伸ばし，最終的に標的細胞へ到達するようになることである．神経発生の初期に見られることは，ニューロンによる軸索伸長であり，それは軸索の先端にある成長円錐による．成長円錐は，動くことと，誘導の手がかりのためにまわりの環境を感知することの両方の機能をもつように特異化される．成長円錐は絶えず，その先端部で糸状仮足を伸ばしたり退縮させたりでき，軸索の先を前方に引っ張るように，下方にある基層に結合したり，離れたりできる．成長円錐はこのように軸索伸長を先導するが，糸状仮足で他の細胞と接触すること，また成長円錐が細胞表面を動くときに起こる接

触によって影響を受ける．通常は，成長円錐は，その糸状仮足が最も安定に接触する方向に移動する．ニワトリ胚において，運動ニューロン軸索が発生途上の肢芽に進入するとき，軸索はすべて一つの束になっている．しかし，肢芽の基部では軸索は分かれている．たとえ肢芽前部に入る軸索束が肢芽の後部に進入しても，運動ニューロンと筋肉は正しい関係で連結する．しかしながら，後述するように，筋肉などと連結しない運動ニューロンの多くは死ぬことになる．

　発生途上の神経系がなす複雑な仕事は，外界からのシグナルを受ける感覚器と脳の標的部位とを連結させることであり，それによって私たちは外界からのシグナルを感じることができる．脊椎動物の脳の特徴は，感覚神経系の一つの領域からのニューロンが脳の特異的な領域に順序よく投射するように，トポグラフィックマップ（投射対応図）がある点である．眼からのニューロンが視神経を経て脳へ，高度に組織立って投射していることは，どのようにしてトポグラフィックな神経投射ができているかを示す最もよいモデルの一つである．ヒトの網膜には，およそ1億2600万個の視細胞があり，個々の視細胞は視野のほんの一部分を連続的に記録し，時々刻々とシグナルを順序よく脳へ送らなければならない．視細胞は間接的に個々のニューロンを活性化し，ニューロンの軸索は束になって，視神経として眼球外へ出て行く．左右の眼からの視神経は，100万以上のニューロンを含んでおり，脳，すなわち視蓋の特定の領域へ，非常に秩序立った方法で投射する（図34）．この投射には，網膜における位置と視蓋

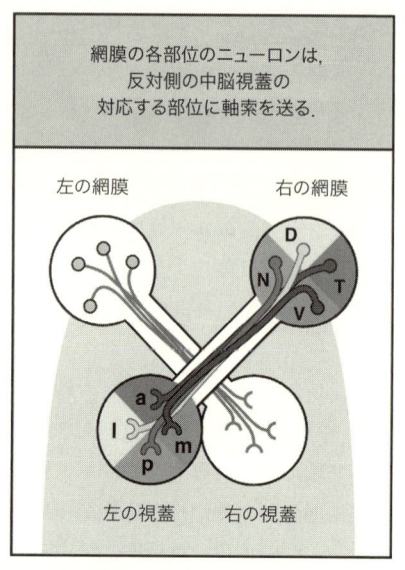

> 網膜の各部位のニューロンは,
> 反対側の中脳視蓋の
> 対応する部位に軸索を送る.

図 34 カエルにおける網膜と視蓋間の神経接続.たとえば,左視蓋の p 領域は右網膜の N 領域と接続する.

における位置において,高度に秩序立った相関関係が見られる.各網膜ニューロンには,化学物質による標識が付けられており,視蓋の適切に標識された細胞に連結できる.視蓋の細胞には比較的少数の因子が空間的に勾配をもって分布して存在しており,その因子の勾配により位置情報が与えられ,網膜の軸索がその位置情報を検出していると考えられている.網膜軸索には別の因子群も空間的に濃度勾配をもって発現しており,それはまた別個の位置情報を与えている.眼から視蓋へ神経投射が発達してくるのは,原則として,これら二つの勾配の間の相互作用による.この網膜–視蓋投射マッ

プは，発生初期にはかなり粗いものであり，網膜において近傍に存在するニューロンの軸索が視蓋の広い領域と連結している．最初に連結していた軸索終末のほとんどは，しだいに連結がなくなるが，正常な視覚が発達していくに従い，神経活動によりマップが微調整されていく．カエルの眼球を180度回転させた場合，網膜神経軸索はマップにしたがって視蓋へ投射し，カエルの眼には外界が上下逆に見えるようになる．

ニューロンの死は，発生途上の脊椎動物の神経系にごく普通に見られる．非常に多くのニューロンが最初につくられ，適切な接続をするニューロンだけが生き残る．脊髄の特定の部分では，ニワトリの脚の筋肉に投射する約2万の運動ニューロンが形成されるが，形成後まもなくその半分は死んでしまう．運動ニューロンの生存は筋細胞に投射しているかどうかによって決まる．いったん，特定のニューロンと筋肉との接触が確立すれば，ニューロンは筋肉を活性化できるようになるが，その後，その筋肉に近付いても実際に接触しない他の運動ニューロンは死ぬこととなる．神経−筋の接続がなされた後でさえ，その後除去される接続もある．初期の発生段階では，一つの筋線維には，いくつかの異なる運動ニューロンの軸索が接触している．発生が進むとともに，大部分のこれらの接続は除去され，各筋線維がちょうど一つの運動ニューロンの軸索終末によって神経支配されるようになる．これはシナプス間の競争によるもので，標的細胞に最も強力にシグナルを入力したものが，同じ標的細胞への入力が相対的に弱かったものを不安定化するのである．

第9章
増殖，がん，老化

　たとえ胚の時期が完了しても，発生が終わったわけではない．動植物において，すべてではないにしろほとんどの成長が，胚の時期以降に起こる．すなわち，生物の基本的なパターン形成は，胚という1ミリメートル未満の舞台でなされ，そのあとで成長が起こる．動物では成長の大部分は出生後に続く．脊椎動物の中には，哺乳類などのように胚発生の後期で，胚が母体からの栄養にまだ依存している時期にかなりの成長が起こるものもいる．増殖は，発生しているすべての系の重要な側面であり，生物とそのパーツの最終的な大きさと形状とを決定する．体の異なる部分の増殖は同一でなく，異なる器官は異なる速度で成長する．ヒトで9週齢を過ぎると，胚の頭部は体長の3分の1以上の大きさになるが，出生時には，身長の4分の1の大きさに達する．出生後に，頭部以外の体の部分の成長が進み，成人では頭の大きさは身長のわずか約8分の1になる．ヒトを含む哺乳類において，胚へ

の栄養が不十分であると，胚および胎児の成長に直接的な影響を及ぼすだけでなく，成体になってから，命に重篤な影響が及ぶことがある．たとえば冠動脈性心疾患，脳卒中，2型糖尿病のリスクが高まることが知られている．

　成長は，細胞増殖が活発になるか，細胞分裂なしに細胞が大きくなるか，細胞が分泌する骨基質などの細胞外物質を増加させるかのいずれかで起こる．細胞増殖と細胞が大きくなることの両方により成長する場合もある．たとえば，眼の水晶体の細胞は細胞分裂によって増えていくが，その分化は細胞の増大によるところが大きい．成長のプログラム，すなわち生物または個々の器官がどのくらい成長してホルモンのような因子に反応するかは，発生初期に決まる可能性がある．胚が基本的に独立した生活を営む幼生や成体のミニチュアである動物の場合と異なり，植物の胚はほとんど成熟体に似ていない（3章参照）．植物はメリステムと器官原基における細胞分裂によって成長が促され，不可逆的な細胞の増大が引き続いて起こり，それによって体の大きさが増すのである．

　成長ホルモンは，ヒトなどの哺乳類の出生後の成長にとって必要不可欠である．生後1年以内に下垂体が成長ホルモンを分泌しはじめる．成長ホルモンの分泌が不十分な小児は正常より成長が遅れるが，成長ホルモンが定期的に与えられれば正常に成長するようになる．この場合，巻き返し現象が生じ，成長曲線をその最初の軌道に戻して回復させるような急激な初期反応が見られる．出生後1年の間に，1か月につき

約2センチメートルの速度で身長が伸びる．その後，成長速度は一定の割合で減少し，女児で11歳，男児で13歳頃の思春期（性成熟を含む）において，特徴的な青年期の成長がふたたび見られるようになる．ピグミーでは，この青年期の成長を伴わずに思春期の性成熟が起こるので，特徴的な低身長になる．この現象の細胞学的な解明はされていない．

哺乳類において，骨格および心臓の筋細胞とニューロンはいったん分化するとふたたび分裂することはないが，細胞の大きさは増す．ニューロンは，軸索およびより小さな神経突起の伸長により成長するが，筋肉は，細胞の大きさが増すことと，筋衛星細胞が筋線維に融合し多核合胞体になって細胞の大きさが増すことにより成長する．筋線維の長さの増大は，腱を通して筋肉に緊張を与えている長骨の成長によって決まるので，機械的な力により骨と筋肉が協調して成長しているのがわかる．

細胞の増殖を促す，あるいは阻害する多くの細胞外情報伝達タンパク質が発見されている．細胞の中には，細胞分裂するためでなく，単に生存するだけでも増殖因子のようなシグナルを必要とするものがある．増殖因子がまったくない場合，このような細胞は，細胞内の死のプログラムが活性化されて，アポトーシスによって自ら死んでしまう．成長するすべての組織では，かなりの細胞死が見られるので，組織全体の成長速度は細胞死と細胞増殖の割合によって決まるといえる．

脊椎動物の器官の大きさは，体内の発生プログラムと，成長を促進または阻害する細胞外の因子とによって決まるが，器官が異なると両者の貢献度は大いに異なる．たとえば肝臓は，胚と成体いずれにおいても優れた再生能力があるが，膵臓には再生能力がない．胚における肝臓前駆細胞の一部が破壊されると，胚の肝臓はふたたび成長して正常な大きさに戻ることから，再生が一定の数の前駆細胞から起こるのではないことがわかる．肝臓は，増殖を促進する因子，あるいは潜在的に成長を妨げる因子を分泌する．肝臓が特定の大きさなると，血中の抑制因子の濃度が高まって，それ以上の肝臓の成長を阻止するようになり，これが器官の大きさを決める負のフィードバックの例の一つである．対照的に，マウス胚でいったん膵芽が形成されたあとに，膵臓の前駆細胞のいくつかが破壊されると，正常より小さい膵臓になる．したがって，胚の膵臓の大きさは，外部環境によらずおもに内的因子によって決まるようである．内的因子によって器官の成長が制御されているもう一つの例は胸腺である．複数の胎児性胸腺をマウス胚へ移植すると，それぞれが成体での大きさまで成長する．成長のプログラムについては，体のサイズの異なるサンショウウオの種の間で，肢芽を交換移植した古典的実験が知られている（図35）．大きな種の肢芽を小さな種へ移植した場合，最初はゆっくりと成長するが，大きな種での正常な大きさになるまで成長し，宿主の肢より非常に大きくなる．

　肢芽の軟骨要素の各々には，それ自身の増殖プログラムが

図 35 肢の大きさは,サンショウウオでは遺伝的にプログラムされている.大きなサイズのサンショウウオの肢芽を小さいサンショウウオ胚へ移植すると,宿主の四肢より大きな肢が成長する.

ある.ニワトリ翼芽では,長骨の軟骨要素である上腕骨と尺骨が,最初は手首の軟骨と同じくらいの大きさであるが,骨形成がはじまるまで成長し続け,手根骨と比較して何倍も長くなる.軟骨の増殖プログラムは,軟骨要素のパターンが最初にできるときに特異化しており,細胞分裂とマトリックス分泌が関与している.

胚の時期以後の脊椎動物の成長の重要な側面が,上腕骨,橈骨,尺骨など四肢の長骨の成長で見られる.これらの長骨は,最初に軟骨要素ができて,骨端近くの二つの内部領域(成長板)で成長が起こる.この成長が続いて何百倍も長い四肢ができる.成長板では,軟骨細胞は円柱状に並び,さまざまな帯状の領域が確認される.骨端の近くの部位に,幹細胞を含む狭い領域がある.その隣は,細胞分裂の増殖帯で,成熟領域が続き,そこでは軟骨細胞が大きくなっている.最後に,軟骨細胞が死んで骨と置き換えられる領域がある.成

長板が同じ大きさのままで骨が伸びるのは、細胞分裂と細胞の大きさの増大による。異なる骨は異なる速度で成長し、これは成長板における増殖帯の大きさ、細胞増殖の速度と細胞増大の程度を反映する。成長ホルモンは、成長板に作用することによって、骨成長を促す。

　成長板が石灰化すると骨の成長は終わるが、これは骨ごとに異なる時期に起こる。成長板の成長停止の時期は、ホルモンの影響よりもむしろ成長板自体の内的要因による。成長の停止は、軟骨幹細胞の分裂回数に限りがあることに起因する可能性がある。両側の腕が互いに独立して約15年間成長するが、成長板の複雑さから考えて、最終的に差が約0.2%の精度で同じ長さに成長することは驚くべきことである。どのような仕組みでこの成長の精度が成し遂げられるかは、わかっていない。

　ハエの翅の成虫原基は、器官のサイズが決まる仕組みを研究するのに適したモデル系である。翅の成虫原基が形成されるとき、最初は約40個の細胞からなるが、幼虫に成長すると、通常、構成する細胞は約5万個になる。細胞分裂が成虫原基全体で起こり、正しい大きさに達すると細胞分裂が一斉に止まる仕組みである。翅の最終的な大きさは、成虫原基において一定の回数だけ細胞分裂するとか、特定の細胞数に到達するとかによって決定されない。その代わり、発生している翅の成虫原基全体の大きさを探知して、それに応じて細胞分裂と細胞の大きさを調整する仕組みにより制御されるよう

である.ある細胞から分裂して翅のどのくらいの部分をつくるかというのには制限がなく,1個の細胞から,翅の10分の1から半分までも構成できることが実験により示されている.細胞間の競争が正常な翅の成長の間に起こり,翅の最終的な大きさは細胞分裂とアポトーシスとのバランスにより決まる.

 ハエの成虫原基の最終的な大きさ,つまり成体における器官の大きさは,胚時期にパターン形成された成虫原基に存在する何らかの分子の濃度勾配により決定される.基本的な考えは,成虫原基が小さいとき濃度勾配は急であり,濃度勾配が急であればあるほど成長が促進する.器官が成長するにつれて勾配が平らになり,成長は遅くなり最終的に停止する[*10].

 ヒトは生まれつき一定数の脂肪細胞をもっており,女性は通常,男性より多くの脂肪をもっている.脂肪細胞の数は小児の後期と思春期初期を通じて増加し,普通,その後は一定数となるが,脂肪細胞の数が多くなると肥満になる.小児と成人における肥満の多くは過食と運動不足によるが,発達期初期の食生活習慣と遺伝的背景もまた影響する.肥満は晩年になると2型糖尿病や心疾患など多数の疾患に関係する.肥満は,より多くの脂肪細胞が存在することと,脂肪の蓄積が過剰なために細胞の大きさが増すこととの両方による.一度,脂肪細胞が体に発生すると体に一生残り,なくなることはほとんどない.脂肪細胞が余分にある肥満の人々は,ダイエットと運動で細胞の大きさを縮小でき,体重を減らすこと

ができる．しかし，脂肪細胞自体は消えないので，ふたたび過剰な脂肪を蓄積しはじめることが多い．

幼生の時期の動物は成長し，大きさが変わるだけでなく，**変態**して成体に変わる．変態は形態の根本的な変化を伴い，新しい器官が発生する．昆虫の幼虫は特定の発生段階に達すると成長をやめ，それ以上脱皮しなくなるが，劇的な変態を行って成体の形態をとるようになる．変態は多くの動物で起こる．昆虫と両生類において，内的発生プログラムとともに，栄養や気温，光といった環境条件が脳のホルモン産生細胞に影響することによって，変態を調節する．エクジソンというホルモンは，ハエ幼虫での変態を促進する．ハエの変態においては，少なくとも数百個の遺伝子発現が変化する．

がん

がんでは，体細胞に突然変異が生じることにより，おもに細胞の正常な増殖が妨げられる．組織の秩序を形成し維持するためには，細胞分裂，分化，増殖が厳密に調節される必要がある．がんでは，細胞がこれらの正常な調節から逸脱して，制御できない細胞の増殖と遊走が起こり，個体の死を招くことになる．いつものように局所的に細胞増殖している良性な細胞が悪性に進行することがある．すなわち，がん細胞が転移し体の至るところに遊走して，転移した場所でさらに増殖を続ける．がんは，多くの突然変異をもった一つの異常細胞に由来する．一個の変異細胞が腫瘍細胞になる過程は進化のプロセスに類似しており，さらなる変異をもつ細胞が生

まれ，その中で最も増殖できるものが選択されるという二つの過程が関わっている．最もがんを生じそうな細胞は，幹細胞のような継続的に分裂している細胞である．こうした細胞はDNAを頻繁に複製しているので，他の細胞より，DNA複製エラーから生じる突然変異を蓄積しがちである．ほとんどすべてのがんにおいて，がん細胞は一つ以上，通常はいくつもの突然変異をもっていることがわかっている．がん形成の一因となる特定の遺伝子の変異が，ヒトや他の哺乳類で特定されている．腫瘍抑制遺伝子というものがあり，この遺伝子の両方のコピーが不活性化されるか欠失すると，細胞ががんになる．

動物細胞が分裂するとき，**細胞周期**とよばれるひと続きの決まった段階を経る．細胞は大きさが増し，DNAを複製し，複製した染色体は有糸分裂のプロセスを経て，二つの娘細胞に分かれる．いったん細胞周期に入ると，細胞は外部からのシグナルを必要とすることなく最後まで細胞周期を完遂する．細胞周期においては，細胞が次の相に進んでよいかどうかモニターする「チェックポイント」を経て，次の相へ移行する．たとえば，適当な大きさに達しているかどうか，DNA複製が完全であるか，DNA損傷が修復されているかなどが，チェックポイントで監視されている．そのような判定基準が満たされない場合，すべての必要なプロセスが完了するまで次の段階へ進行するのが遅れる．細胞が修復不可能な損傷を受けている場合は細胞周期が停止し，細胞は通常アポトーシスにより死ぬ．腫瘍抑制遺伝子である*p53*の産物は，

このチェックポイントのプロセスに関与している．

腫瘍抑制遺伝子 *p53* は多くのがんの発生を防止することにおいて鍵となる役割を果たしており，すべてのヒトの腫瘍の約半分は *p53* に突然変異が起きている．通常は，細胞が DNA 損傷を与える物質にさらされると，p53 が活性化されて細胞周期を停止させ，細胞に DNA を修復させる時間を与える．したがって，p53 タンパク質は，細胞が傷害を受けた DNA を複製してしまうことにより変異細胞が生まれるのを防いでいる．損傷がひどくて修復できない場合，p53 タンパク質は細胞をアポトーシスによって殺す．多くのがんで *p53* の変異が見られアポトーシスが起こらなくなるので，*p53* 変異細胞はさらに多くの突然変異を蓄積するようである．

がんの大きな特徴は，腫瘍細胞が分化能を失っていることである．85％以上の大多数のがんは，腸の内壁細胞のような細胞シート内や肺の幹細胞で生じる．このような場所では，幹細胞の細胞分裂と分化により，常に細胞が新しく交換されているからである．通常，幹細胞の分裂で生じた細胞は，少しの間分裂し続け，分化がはじまると分裂をやめる．対照的に，がん細胞は，分裂速度は正常細胞と必ずしも変わらないが分裂を止めることがなく，通常，分化しない．がん細胞のもう一つの特徴は，発生途上の細胞と異なり分裂時に遺伝子が不安定であり，より悪性の細胞になっていく点である．すなわち，固形腫瘍では染色体の増加や欠失の頻度が高い．がん細胞が分化しないことは，特定の白血球のがんでも明らか

に見られる．数種類の白血病は，細胞が分化する代わりに増殖し続けることが原因である．

大部分のがんによる死亡は，他の組織へ腫瘍が拡がること，すなわち転移が原因である．転移で最も重要なことは，1枚のシート状の細胞で動かない状態から移動性の細胞の状態へ変化する腫瘍細胞の性質である．移動性の細胞が血流に入ると，原発部位から遠くはなれた組織までがん細胞が播種される．腫瘍は血管を誘引することもでき，血管が形成されると，より容易に成長できるようになる．

老 化

大部分の生物には寿命がある．たとえ，生物が病気にかからず事故を逃れるとしてもである．老化とともに生理的機能が徐々に落ちていき，体がさまざまなストレスに対して対処する力がなくなり病気にかかりやすくなり，やがて死が訪れる．個人によって特定の老いの様相が現れる時期が異なることがあっても，大部分の動物において，老化の全体としての影響は，死亡する可能性が高くなるということである．しかし，野生動物の世界で，老化が原因で死ぬという証拠はほとんどない．たとえば，野生型マウスの90％以上は，1歳に満たないうちに死を迎えるが，これは老化する何年も前である．しかし，象の場合，年をとって牙がすり減った状態になると死んでしまうことがある．

老化は，生物の発生上のプログラムの一つではない．むし

ろ老化は,時間の経過とともに細胞に蓄積するダメージの結果であり,最終的には,体に自ら修復する能力がなくなり基本的機能が喪失する.それは,本質的には損耗の成れの果てである.しかし,基本的に重要なのは,繁殖が妨げられることのないよう,生殖細胞は老化しないことである.加齢が遺伝子の制御を受けていると考えられる明らかな証拠がある.というのは,動物が異なると寿命が異なるように,異なる速度で老化するからである.たとえば,ゾウは,21か月の妊娠期間を経て誕生し,生まれてすぐの時期にはほとんど老化の気配がないが,生後21か月のマウスはすでに中年期に入り,ちょうど老化の徴候を示しはじめている.加齢の遺伝子制御は,「体細胞使い捨て」理論として理解されている.この理論は,進化の中に老化をおいて考える.すなわち,自然選択により生物の一生が調整され,少なくとも生物が繁殖し,若い世代を育てるようになるまでは老化せず,細胞の修復機構が維持できるように,十分に対策をしている.進化において繁殖という点のみが重要だったように,次世代への準備が整えば,生命体は使い捨てされる.細胞には老化を遅延させるために多数の機序がある.それは,悪性転換を防止するのに用いられるメカニズムとよく似ている.これらの細胞のもつメカニズムは,反応性の高い化学物質による内的損傷から細胞を守り,常にDNAへの損傷を修復している.そして,細胞が活発に分裂していないときでも,生きている細胞において持続的にDNA修復が行われている.

モデル動物は,何が老化と寿命を決めているかを研究する

上で貴重な生物である．寿命の研究に用いられるモデル動物には，寿命の短い線虫やショウジョウバエ，およびマウスがある．細菌や酵母のような単細胞生物さえ老化する．すなわち，親細胞が分裂すると，より小さくて本質的に若い子孫細胞をつくる．最近の画期的な分子遺伝学的研究により，進化的に保存された生化学的経路が明らかにされた．インスリン様成長因子経路が鍵となる役割を演じており，線虫，ショウジョウバエ，齧歯類で，そして，おそらくヒトでも寿命を調整している．この経路の活性が低下すると，寿命が長くなり，環境ストレスに対する抵抗が強化される．*FOXO3A*遺伝子の遺伝的変異により，インスリン様成長因子経路の活性が低下することから，*FOXO3A*変異にはヒトの長寿ときわめて強い相関があることがわかっている．

細胞によっては，培養状態での分裂回数に制限があるということが1965年にレオナルド・ヘイフリックによって発見された．彼は，線維芽細胞のような正常なヒト体細胞は細胞培養すると約52回分裂するが，より高齢のヒトから採取した細胞であれば分裂回数がもっと少なくなることを示した．そのような制限が，生殖細胞，がん細胞，胚性幹細胞にはない．老化とともに培養状態で体細胞の細胞分裂回数が減るのは，テロメア（染色体の端の，タンパク質がコードされていない領域）が細胞分裂に伴って短くなることと関連があると考えられている．テロメアがある短さに達すると，細胞はもはや分裂できない．テロメアが短くなることは，細胞分裂後にテロメアを元の正常な長さへ伸長させる酵素，テロメラー

ゼの欠如に起因する．この酵素は，老化を防がなければならない細胞（たとえば精巣や卵巣の生殖細胞，皮膚や腸の細胞を修復する成体幹細胞）だけで，通常発現している．がん細胞はすべて，テロメラーゼをもっているため分裂に歯止めがきかなくなるのである．

(＊訳注 10) 分子の濃度勾配ではなく，細胞表面の接着因子であるプロトカドヘリンであるファット，ダクサス，フォージョインティドの細胞膜中の濃度が関与している可能性が示唆されている．

第10章
再　生

　再生は，発生を完了した生物が組織，器官，付属器を修復できるという能力である．サンショウウオのような両生類では，顕著な再生能力をもち，完全な新しい尾と肢，および若干の内臓組織を再生することが可能である．昆虫など節足動物で，失われた脚などの付属器官を再生することができるものもある．脊椎動物における再生のもう一つの印象的な例は，ゼブラフィッシュが心室の一部を除去しても心臓を再生することができることである．哺乳類の再生能は，もっと限られている．哺乳類の肝臓の場合，その一部が除去されると再生され，折れた骨は再生することによって治癒する．淡水生物であるヒドラとプラナリア（扁形動物）には，高い再生能力がある．

　再生のメカニズムとはどのようなもので，再生できる動物とできない動物がいるのはなぜなのだろうか？　再生につい

て理解することは，たとえば哺乳類の心臓や脊髄などの組織を修復する医学的方法の発展につながるだろう．再生には次の二つのタイプがあり，両者には異なる点がある．付加形成においては，失われた構造物（たとえば切断された肢）が，残った組織の成長によって再生し，新しく正確にパターン化された構造物になる．一方，形態調節においては，ほとんど新しい細胞分裂と増殖はなく，構造物の再生はおもに既存の組織の再パターン構成によって起こり，たとえばヒドラの頭部の再生などがよい例である．付加形成では，新しい位置価に従って切断面からの成長が進み，一方，形態調節では，新しい境界領域が切断部位で最初に確立し，そのあと新しい位置価がそれに関連して特別に決められる．

サンショウウオの肢を切断すると，まず創傷面を覆うために，創傷部位の端から表皮細胞が急速に移動してくる．その後，再生芽とよばれる細胞集団が，表皮細胞の覆い（キャップ）の下にできて，これが再生肢を生じさせる．再生芽は，創傷部の表皮の下の細胞から形成され，分化した性質を失って細胞分裂を開始し，最終的に伸長して円錐形の組織をつくる．肢が数週間にわたって再生するにつれて，再生芽の細胞は軟骨，筋肉，結合組織に分化する．再生芽は，切断部位の近くの間葉組織に由来する．

再生するイモリの肢において，軟骨と筋肉に分化する細胞は，もともとそれぞれの細胞系譜に逆らうことなく分化するのか，それとも総じて他の型の細胞にも分化しているのだろ

うか？　たとえば，切断端の脱分化した筋肉細胞は軟骨に再分化できるのだろうか？　再生肢についての最近の実験により，再生芽が多能性の状態に先祖返りするのではなく，再生芽の細胞の系譜（歴史）に関連して制限された発生・分化能を保持していることが明らかになっている．再生肢を構成する筋肉や骨の細胞の由来が，緑色蛍光タンパク質（GFP）をすべての細胞で発現させた動物によって追跡調査された．このGFP発現動物から組織片を取り出し，GFPを発現していない動物の前肢へ移植した．その後，前肢を移植した部位を含んだ状態で切断し，肢が再生する過程で，GFPで光る移植片の細胞の発生運命を追跡調査したのである．その結果，細胞はもとの発生・分化運命を保持していた．まったく異なる細胞型に分化する古典的な例は，成体イモリの眼におけるレンズ（水晶体）の再生である．レンズを外科的に完全に取り除いても，新しいレンズが虹彩の色素上皮から再生する．

　再生芽が増殖するには，神経がそこに存在する必要がある．両生類で神経が肢切断の前に切られると，再生芽はいったんはできるが成長しない．神経は，再生する構造の特徴またはパターンを左右することはできないが，重要な成長因子を提供することがわかっている．両生類の肢再生への神経の影響についての顕著な例を挙げると，坐骨神経のような主要な末梢神経を切断して，その枝をどれかの肢に傷をつけて差し込む，あるいは隣接した横腹に傷をつけて差し込むと，神経が挿入された部位に過剰肢が発生する．しかし，まだ解明されていない興味深い現象は，イモリ胚の四肢が発生の非常

に初期の段階で神経を取り除かれ,神経の影響を受けないような状況におかれても,神経供給をまったく受けていないにもかかわらず再生できるということである.

　再生は,常に切断面に対して遠位方向に起こる.手が手首で切断されると,手根骨部と指が再生し,肢が上腕骨の中央で切断されると,切断部位に対して遠位の構造すべてが再生する.したがって,遠近軸に沿った位置価は非常に重要で,再生芽で部分的に切断された部位の位置価が少なくとも保持されている.再生芽には,かなり独立した発生・分化能力がある.再生芽を肢以外の部位,たとえば幼生の背中などに移植し,再生芽は増殖できるが肢の位置価がない環境にすると,再生芽は移植前の部位の位置価に応じた構造物を再生する.

　通常,細胞の位置価は連続的であるが,欠損などにより位置価が不連続になると,細胞はその状態を認識できる.このことは,遠位の再生芽を近位断端に移植する実験から示された.この実験では,前肢の切断端と再生芽は,それぞれ肩部と手首に対応する異なる位置価をもっている.移植するとおもに近位断端から組織再生が起こり,この二つの領域間で肩部と手首の間の構造物が成長して,結果的に正常な肢が再生し,失われた位置価が挿入(インターカレーション)され連続性を回復する.

　パターン形成に関する議論の基本的な問題点は,以上のよ

うな位置情報の分子的な基礎に関することである．この問題に関しては，細胞表面タンパク質 Prod1 の同定により大きく前進した．このタンパク質はイモリ肢の肩部から手の部位にかけて勾配をもった発現パターンを示す．再生芽の遠近軸に沿った位置価は，レチノイン酸で処理されるとより近位の位置価になるが，Prod1 の濃度も上昇する．手根部をレチノイン酸で処理した再生肢では，Prod1 が増加するので，再生芽の位置価が近位化することになる．すなわち，あたかもずっと近位部位で肢が切断されたかのように肢が再生し，ほとんど全部の肢が手首から成長する（図36）．

ゴキブリやコオロギのような昆虫は，脚が切断されても再生できる．昆虫脚の再生は，付加再生のプロセスにしたがい，再生芽を形成して伸長する．したがって，位置価の挿入は，付加再生系における一般的な性質のようである．異なった位置価をもつ細胞が隣り合って存在する場合，失った位置

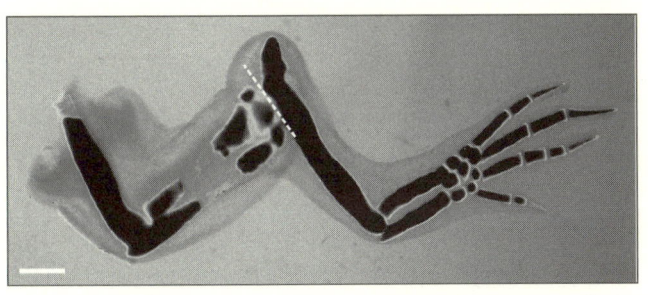

図36 肢は手の部位（点線）で切断され，再生の途中でレチノイン酸で処理すると，切断面がより近位の位置価をもつようになり，上腕骨の近位で切断されたときと同じような構造物を再生する．

価を再生するために,挿入による成長が起こる.位置価の挿入は,ゴキブリやコオロギの肢再生でとくに明らかにされている.ゴキブリの脚は,遠近軸に沿ったいくつかの節である,基節,腿節(たい),脛節(けい)と附節(ふ)からできている.脚の各部分は,同じような位置価のセットをもっている[*11].

哺乳類において,成体でもかなりの再生能力があるのは末梢神経系で,軸索の再伸長が起こるが,細胞分裂による細胞そのものの置換は起こらない.成体の脊椎動物の末梢神経軸索(たとえば脊髄と四肢の間を走っている運動性および感覚性軸索)は,長さ数メートルにも及ぶことがある.そのような軸索が切断されると,切断面で新しい成長円錐ができ,機能的な接続をするために,もとの神経幹の経路にそって成長円錐が伸長し,機能をほぼ完全に回復させる.運動ニューロンの場合,軸索終末は筋細胞上の元のシナプス部位を見つける.これとは対照的に,成体の鳥類と哺乳類の中枢神経系は再生できない.

ヒドラは長さ0.5センチメートルの中空性の管状の体をもつ淡水動物で,頭部領域と基部領域とに分けられ,基部領域で地表面に接着している.頭部には口が開いており,小さい円錐領域からなり,ヒドラが食べる小動物を捕えるために使われる一組の触手によって囲まれている.ヒドラは二胚葉性である.外胚葉に相当する外上皮と内胚葉に対応する内上皮でできており,腸腔を裏打ちしている.ヒドラでパターン形成と再生を観察する理由は,オーガナイザー領域と発生にお

ける勾配についての知見を得られるからであり，これらの仕組みは動物の発生の進化の初期において見られるものである．他の動物のより複雑な体のパターンはヒドラのような単純なボディプランから進化したと考えられる．脊椎動物の胚発生で重要であると同定された遺伝子群は，ヒドラの再生にも関与しているようである．

栄養が十分なヒドラは，持続的に増殖しパターン形成を行う動的な状態にあり，発芽形成によって，無性生殖で繁殖する．しかし，栄養が少ないなどの過酷な条件下では，有性生殖により繁殖する．発芽形成は，体の下方3分の2において起こる．体壁において，細胞の形態が変化して外方へ突出し，新しいカラム（円柱状構造物）をつくり，先に頭部を形成する．これがやがて小さな新しいヒドラとして分離する．

ヒドラのカラム状の体部を2か所で切って，上中下の三つの部分に分けた場合，下部から頭部が再生し，上部から脚が再生する．このように，切断面からどのような構造物が再生するかは，再生している部分の相対的な位置によって決まる．真ん中の部分では，元の頭部に近い側の切断面からは頭部が再生することから，ヒドラにははっきり定まった全体的な極性があることがわかる．ヒドラの再生は，細胞分裂も新しい成長も必要としないので，形態調節による再生の例である．カラムの短い断片が再生するとき，最初，体は大きくならず，小さいヒドラができる．その後の摂食により，再生ヒドラは正常な大きさになる．

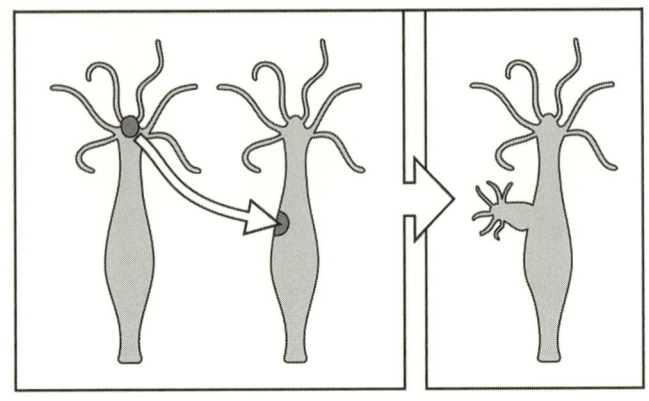

図 37 ヒドラの頭部領域から採取した組織片は,別のヒドラの体部に移植すると新しい頭部を誘導する.

　20世紀の初めに,ヒドラの頭部領域の小さい断片を,もう一つのヒドラの体部に移植すると,完全な触手をもった新しい頭部と体軸を誘導することが明らかになった(図37).同様に,基部領域の断片を移植すると,先端に足盤をもった新しい体幹カラムが再生してきた.したがって,ヒドラには二つのオーガナイザー領域がある.体の端にある,頭部領域と足盤であり,ヒドラの体全体に極性を与えている.頭部領域と足盤は,両生類におけるシュペーマン・オーガナイザーと脊椎動物の肢芽の極性化域(ZPA)のようなオーガナイザー領域として機能する.頭部領域のオーガナイザー機能は,少なくとも二つのシグナルによるもので,体幹カラムに勾配をもって作用している.一つのシグナルは頭部形成を阻害し,もう一つは位置価の勾配を決め,頭部形成を阻害するの

に必要なレベルを決める．

　阻害因子のレベルが，位置価によって設定される閾値より大きいならば，頭の再生は阻害される．頭部を除去すると阻害因子の濃度が下がることになり，阻害因子が局所的な位置価によって設定された閾値の濃度以下になると，位置価は頭の端の位置価にまで増加する（図38）．このように，形態調節再生における最初の鍵となるステップは，頭部領域が除去されるとき，切断面が新しい頭部領域に決定されることである．切断面の位置価が正常な頭部領域の位置価まで増加すると，細胞は阻害因子をつくりはじめ，体の他の部位で頭部が形成されないようにする．

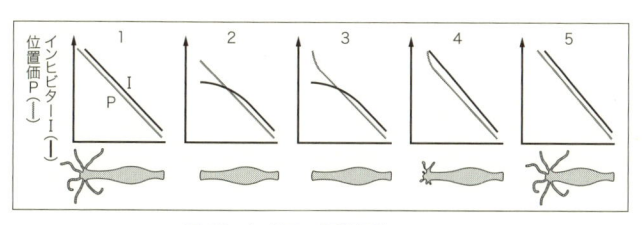

図38　ヒドラの頭部再生モデル．

（＊訳注11）コオロギの脚の再生に関する研究により，位置情報にプロトカドヘリン（ファット，ダクサス）が関与していることが，訳者らにより解明されている．

第10章　再　生

第11章

進 化

　発生様式の変化は，多細胞生物の進化における基本的なプロセスである．生命，つまり動植物のような多細胞生物の形態の進化は，胚発生の変化の結果であり，その変化は，胚と成体で細胞の振る舞いを制御する遺伝子の変化によるもので，それ以外にはない．時空間的な発現調節の変化と新しい機能を生むタンパク質の突然変異は，両方とも進化において基本的な役割を果たしてきた．進化生物学者であるテオドシウス・ドブジャンスキーがかつて言ったように，進化の観点で考察しない生物学は意味をなさないことも真である．確かに，進化の展望なしで発生の多くの側面を理解することは，非常に難しい．進化において，環境によりよく適し，より子孫を残すことができるように，発生に関する遺伝子が変化し，選択されて，より繁栄した成体の形態が創造されてきた．

多細胞動物は，多細胞の共通の祖先に由来すると推定されるが，その祖先も単細胞生物から進化した．チャールズ・ダーウィンが最初に気付いたように，進化は生物形態の遺伝的な変化と，環境に最も適しているものの選択との結果である．ダーウィンのフィンチは，発生の進化における役割と遺伝子発現の変化の優れた例である．チャールズ・ダーウィンは 1835 年にガラパゴス諸島を訪れて，一群のフィンチを集め，密接に関連した 13 種を分類した．彼の特に衝撃的な発見は，フィンチの嘴の多様な変化であった．嘴の形は，鳥の食べ物の違いと，それらがいかにして食物を得るかを反映していた．嘴の長さに比例して横幅がより広く，縦により深い嘴をもつ種では，長く尖った嘴をもつ種と比較して，骨形成タンパク質（BMP-4）がより高いレベルで，嘴の成長領域に発現することが最近示されている．

　もし魚類と哺乳類といった，成体の構造や習慣が大きく異なる二つの動物グループが，胚発生段階では非常に似ているのであれば，それらが共通の祖先の子孫で，進化の観点から，密接に関連があることを示しているであろう．すべての脊椎動物の胚は，ほぼ類似した発生段階を経る（図 39）．このように，胚の発生は，祖先の進化の履歴を反映する．動物では，体を分節構造（セグメント）に分ける特徴があり，各セグメントの構造と機能は多様化しているが，脊椎動物と節足動物（昆虫と甲殻類）の進化において共通している．一つの例が体節の発生である．脊椎動物において，体節型の構造をとるもう一つの例が，ヒトを含むすべての脊椎動物の胚に

ゼブラフィッシュ

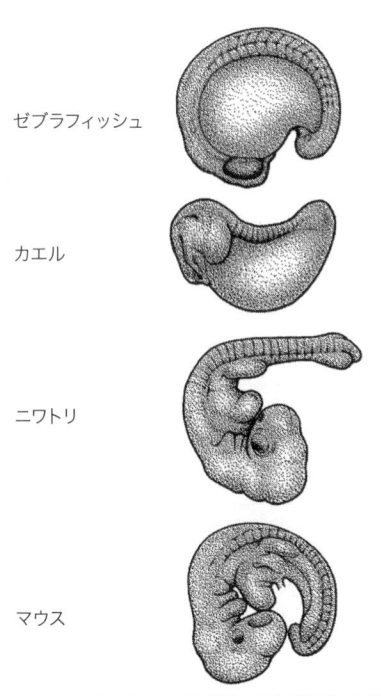

カエル

ニワトリ

マウス

図 39 同じステージ（尾芽胚）の脊椎動物の胚は類似した特徴がある．

存在する鰓弓と鰓裂であり，左右いずれの側でも頭部のすぐ後に位置している．これらの構造は，魚様の祖先の成体の鰓弓と鰓裂の名残ではないが，鰓裂と鰓弓が発生する前の器官として，脊椎動物の魚様の祖先の胚に存在した構造を象徴するものである．進化において，鰓弓は，原始的な顎のない魚では鰓弓を生じさせ，後に進化する魚では鰓と下顎の両方を形成する原基であった（図 40）．時間とともに，鰓弓はさ

第11章 進化　　159

```
┌─────────────────────────────────┐
│   仮定的先祖の無顎の脊椎動物    │
└─────────────────────────────────┘
```

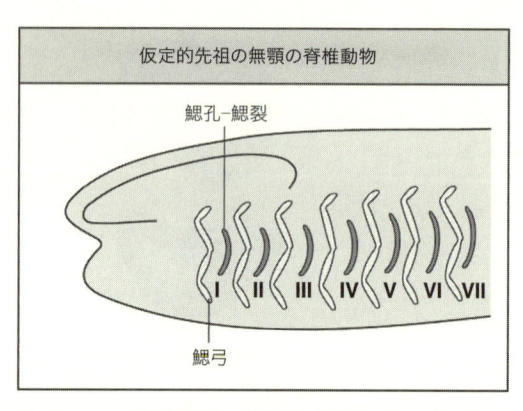

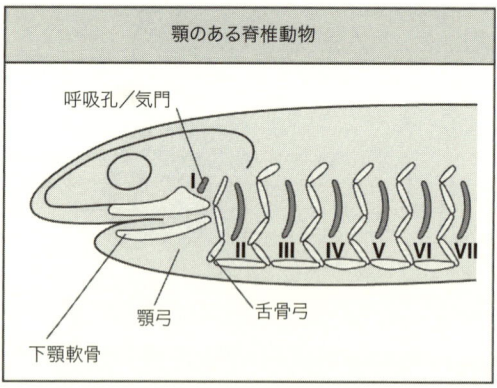

図中ラベル: 鰓孔–鰓裂、鰓弓、I II III IV V VI VII

```
┌─────────────────────────────────┐
│       顎のある脊椎動物          │
└─────────────────────────────────┘
```

図中ラベル: 呼吸孔／気門、顎弓、下顎軟骨、舌骨弓、I II III IV V VI VII

図40 進化による鰓弓の顎への改変.

らに改変され,哺乳類において,それらは現在,顔と頸部のさまざまな構造になっている.私たちの下顎は,これら鰓弓に由来する.

 進化では,突然まったく新しい構造ができることはめった

にない.多くの新しい解剖学的特徴は,既存の構造の改変から生じる.したがって,多くの進化は既存の構造をいじり回すことであり,それが段階的に異なる何かを形づくると考えることができる.それが可能なのは,多くの構造がモジュール式だからである.すなわち,動物には独立に進化することができる解剖学的に異なった部分がある.たとえば,脊椎骨はモジュールで,互いに独立に進化することができる.これまで述べてきたように,肢もそうである.既存の構造を改変しまったく異なる何かを生むことのよい例は,哺乳類の中耳の進化である.中耳は3本の骨――ツチ骨,キヌタ骨,アブミ骨――からできており,鼓膜から内耳まで音を伝達する.哺乳類の祖先である爬虫類において,頭蓋骨と下顎の間の関節は,頭蓋骨の方形骨と下顎の関節骨の間にあり,それはアブミ骨を経て音を伝達することに関与していた.脊椎動物の下顎は,最初はいくつかの骨から形成されていたが,哺乳類へ進化する間に,これらの骨の一つである歯骨が大きくなり,下顎全体を構成するようになった.他の骨,方形骨および関節骨は,もはやそれに結合しなくなった.これらの発生の変化によって,関節骨と方形骨は,哺乳類においてそれぞれ2本の骨,ツチ骨とキヌタ骨に改変され,その機能は,外耳膜から音を伝達することになった.

多くの発生のメカニズムが,細胞および分子レベルで,種の離れた生物の間で保存されている.たとえば,*Hox* 遺伝子群および少数のファミリーに属する情報伝達分子であるタンパク質が異なった種や異なった器官で広範囲に使用されてい

ることが，非常によい例である．発生の分子メカニズムに基本的な類似性があることが最近解明され，これは発生生物学の研究において非常に興奮する発見であった．それは，一つの動物種における遺伝子の発見が，他の動物の発生を理解するために重要な示唆となることを意味している．有用な発生のメカニズムが，進化により得られたときから，非常に異なる生物で，また，同じ生物の異なるタイミングと場所で，維持されて転用されたようである．動物の進化の初期に出現したヒドラのような単純な多細胞動物にすでに情報伝達分子は存在している．

動物種数の多いグループは左右相称動物であり，それは脊椎動物と，昆虫や甲殻類などの節足動物を含む．それらのすべては発生のいくつかの段階において体の主軸について左右相称性をもっており，*Hox* 遺伝子の特徴的発現パターンをもっている．動物の祖先の起源については難しい問題であるが，有力なメカニズムが提唱されている．左右相称動物の最後の共通祖先はすでにかなり複雑な生物であったに違いない．そして，現存する動物によって使われている大部分の発生の遺伝子が関与する経路をもっていたに違いない．約6億年前に生きていた祖先は，鞭毛のある精子，原腸形成のプロセスによる発生，複数の胚葉，神経と筋肉のシステム，感覚システム，固定された体軸をすでにもっていたと推測される．非常に単純で原始的な自由遊泳性（寄生しない）の海洋動物のセンモウヒラムシ（*Trichoplax*）が，現存の生物で最も動物の起源に近いかもしれない．それは，ちょうど2層の

細胞からなり,腸のない平たい円盤を形成し,四つの異なるタイプの細胞しかもっていない.センモウヒラムシは,おもに分体によって繁殖するが,他の動物のゲノムと同様に,約1万1500のタンパク質をコードする遺伝子をもっている.それらは,多数の転写因子と情報伝達タンパク質をコードしており,それらのいくつかは脊椎動物のものと類似している.

　進化による形態変化のおもな一般的なメカニズムは,遺伝子重複と多様化であった.遺伝子の重複は,DNA複製の間に種々のメカニズムによって起こり得る,それにより胚が遺伝子の余分なコピーをもつことになる.正常なものが一つ存在することによって,余分のコピーが変異しても生き残りやすい.したがって,この余分のコピーにおいて,タンパク質をコードしている配列とその制御領域に多様化が起こるので,最初の遺伝子の機能を奪うことなくそのタンパク質の下流の標的やその発現パターンを変えることができる.遺伝子重複のプロセスは,新しいタンパク質と新しい遺伝子発現パターンの進化の基本であった.たとえば,ヒトにおいて異なるヘモグロビンが遺伝子重複の結果として生じたことは,明白である.*Hox*遺伝子群は,発生の進化で遺伝子重複の重要性を示す最も明瞭な例の一つである.*Hox*遺伝子は,一つの先祖遺伝子の重複によって進化した.最も単純な*Hox*遺伝子複合体は無脊椎動物で発見され,染色体上で,塩基配列が類似した少数の遺伝子から構成されている.脊椎動物は,通常*Hox*遺伝子の四つのセットを,四つの異なる染色体上に

もっている．このことは，先祖の *Hox* 遺伝子複合体全部に 2 回ほど重複が生じたことを暗に示しており，ゲノムの大規模な重複が脊椎動物の進化の間に生じたと一般的に考えられている．遺伝子重複の長所は，胚が下流の標的を制御するためにより多くの *Hox* 遺伝子をもって，より複雑な体をつくることができたということであった．特定の領域の脊椎骨の数は，脊椎動物の異なるクラスの間でかなり変化する．哺乳類は，まれに例外はあるが，7つの頸椎があり，トリは 13〜15 の頸椎をもっている．この差異はどのようにして生じるのか？ マウスとニワトリを比較すると，*Hox* 遺伝子の発現領域が異なるとともに，脊骨の数が平行して変化している．ヘビは，背骨に何百もの類似の脊椎骨がある．四肢をもつ脊椎動物の胸部の領域で発現される *Hox* 遺伝子は，ニシキヘビの胚では体に沿って多く発現される．このように *Hox* 発現領域が拡大したために，肋骨を支える脊椎骨が増えて，前肢が喪失してヘビが進化したと考えられる．

領域の特異化における *Hox* 遺伝子の進化については，節足動物の付属器によい例がある．昆虫化石を観察すると，昆虫の付属器のうち，おもに脚と翅の位置と数が異なり，種々のパターンを示している．いくつかの昆虫の化石はあらゆる体節に脚があるが，他は決まった胸部の領域にのみ脚がある．これは，付属器を発生する能力がすべての体節に存在し，*Hox* 遺伝子によって腹部では能動的に抑制されることを示唆する．おそらくこのように，昆虫に進化した先祖の節足動物はすべての体節の上で付属器が存在したようである．

Hox 遺伝子は付属器の性質を決定することもでき，突然変異によりどのように脚が触角のような構造に変換できるかについてはすでに述べた．

 両生類，爬虫類，鳥類，哺乳類には肢があるが，魚類にはヒレがある．最初に上陸した脊椎動物の四肢は，魚様の祖先の胸ヒレから進化した．しかし，ヒレがどのように脚に進化したのかまだかなり不透明であるにもかかわらず，Hox タンパク質のような転写因子やソニックヘッジホッグのような情報伝達分子を利用して，これらの付属器が発生したと考えられる．これらは体をパターン化するのにすでに用いられていた分子である．化石の記録によると，ヒレから肢への移行は，3 億 6000 万年～4 億年前のデボン紀に，浅瀬に住んでいた魚の祖先が地上に移動したときに生じたらしい．祖先のヒレの近位の骨格の形成要素はたぶん肢の上腕骨，橈骨と尺骨に関連があるだろう．そして，化石のパンデリクティス (*Panderichthys*；3 億 8000 万年前のデボン紀後期，ラトビアに生息していた肉鰭綱の魚類) の最近の分析によると，その胸ヒレの遠位領域に分離した骨格の形成要素が含まれ，それはすでに指であり，したがって指は進化的に新規なものではないのかもしれない．

 ヒレから肢への移行について理解するために，研究者は現代の魚である，ゼブラフィッシュに着目した．ゼブラフィッシュではヒレの発生が詳細に追跡でき，関連する遺伝子を同定することができるからである．ゼブラフィッシュ胚のヒレ

の原基（鰭芽(きが)）は，脊椎動物の肢芽と最初は類似しているが，発生がはじまると，重要な差異がすぐに現れる．脊椎動物の肢芽と同様に，鍵となる遺伝子ソニックヘッジホッグがゼブラフィッシュのヒレの後側で発現し，*Hoxd* と *Hoxa* 遺伝子の発現パターンは脊椎動物での発現と類似している．ヒレと肢の発生の間の基本的な相違は，遠位骨格の要素に表れている．ゼブラフィッシュの鰭芽において，ヒレ膜は鰭芽の先端部で発生し，指ではない微細な骨様のヒレの鰭条(きじょう)が，ヒレの中で形成される．

　哺乳類の肢の進化において，解剖学的に大きく特殊化してきたが，それは，胚発生の間に，肢パターン形成と肢の部分による差異的な成長の両方に変化が生じたことによる．しかし，骨格を形成する要素の基礎的なパターンは進化的に保存されている．これは，骨格の形成要素のモジュール性の優れた例である．コウモリとウマの前肢を比較すると，両方とも肢骨の基礎的パターンを保持しているにもかかわらず，各々が専門的な機能を果たすために改変されたことがわかる．コウモリにおいて，肢は飛行するために適応し，指は膜様の翼を支持するために非常に長くなっている．骨のように個々の構造が異なる率で成長することができるので，生物全体の形は増殖が持続する期間が進化の間に遺伝的に変化することにより，実質的に変化できる．また，それは生物の体が大きくなることにもつながる．ウマにおいて，たとえば，祖先のウマの中央の足の指は両側の足の指よりも速く成長したので，それは横の指よりも長くなった．進化により，ウマは体の大

きさが増加し続けたので，成長速度におけるこの差により，相対的により小さい両側の脚の指は，中央の指がより長いので，地面にもはや接触できない．進化の後の段階になると，現在では不要な横の足指はさらにいっそう短く，小さくなっている．

多くの動物は，個体が一か所に留まらず分散し，各個体が餌を獲得しやすいように幼生形を発展させてきた．幼生は，成体の状態になるために，形の劇的な変化である変態をする．発生の本質は漸進的な変化であるが，変態では，漸進的な連続性が幼虫と成体の間にない．しかし，変態はより進化的な意味があり，変態せずに直接発生する動物の既存の発生プログラムに幼生のステージを挿入することによって，すべての幼生形が進化したと仮定できる．多くの無脊椎動物において，幼生は原腸期の後期の胚の形態に最初は似ているので，その胚が自由遊泳性の幼生の形になったのであろう．幼生体が変態を経ることで本来の発生のプログラムに戻り，成体の形態を獲得するように進化した．

進化は，まったく異なる目的のために同じタンパク質を転用させることもできる．タコ，イカ，および脊椎動物の眼のレンズは，レンズに透明性を与えるクリスタリンタンパク質で満たされた細胞からできている．クリスタリンはレンズに特有で，この特別な機能のために進化したと最初は考えられた．しかし，より最近の研究では，クリスタリンとして採用されたタンパク質は，レンズの機能に必要な構造に特殊化さ

れておらず，他の器官では酵素としてはたらいていることがわかった．これらの例は，進化と発生の間の関係である「漸進的な構造の変化から異なる形態へ」を示す鍵となる証拠である．しかしながら，多くの場合，いかにして中間形が適応可能であったか，動物が生き残るために有利であったかについてはわからない．たとえば最初に，鰓弓が下顎へ移行しつつある中間形を考えてみよう．適応可能な利点は何であったのか？　昆虫の翅は水から酸素を得るために使われる構造から進化したので，昆虫が水を出たとき，それらの最初の利点は何だったのだろうか？　私たちにはわからない．長い時間が経過してしまったため，また古代の生物の生態環境について現在は情報が不足しているために，私たちには決してわからないであろう．

　多細胞動物であると判断できる生物が約6億年前に進化したのであれば，それらがどのように単細胞の祖先から進化したかについての疑問がまだ残っている．単細胞から多細胞性への移行のために何が発明されなければならなかったのか？　どのように卵からの胚発生は進化したか？　これまで述べてきたように，胚発生に必要な鍵となるものは，遺伝子の発現調節，細胞分化，細胞運動性，結合性のプログラムである．核とミトコンドリアをもつ現代の単細胞生物から判断すると，動物の祖先で単細胞の生物は，これらすべての特徴の原型をもっていたのであろう．したがって，ほとんど新しい発明はされなかったのであろう．一つの可能性は，非常に推論的であるが，単細胞生物の子孫において，ある突然変異によ

り，細胞分裂の後もきちんと分離せず，同一の細胞集団が集まったゆるくて時々分離するコロニーになり，その後新しい「個体」になったのかもしれない．コロニーの一つの長所は，もともと食物が不足した状態では，細胞が互いに食べ合い，コロニーが生存できたのかもしれない．これは多細胞性の起源であり，そして他の細胞によって食べられた細胞がその後，卵として進化したのかもしれない．現代のカイメンにおいて，卵は隣接する細胞を食べる．いったん多細胞性が進化したとき，細胞を特殊化させて機能を分担するというような，生物としての新しい可能性が開かれた．それに際して，胚のすべての細胞が同じ遺伝子をもっていることで，協力し合って情報伝達できることは有利であった．

原腸形成がどのように進化したかは知られていないが，次に考えたシナリオも可能性がないわけではない．すべての多細胞動物の共通の祖先が，多細胞からなる中空の球で，摂食をうまく行うためにその形態を変えた可能性がある．この祖先は，たとえば，海底に落ち着いた可能性があり，貪食作用によって食物粒子を摂取したかもしれない．最初は貪食の際に体壁が小さく陥入するだけであったが，こうして腸の原型を形づくっていくことによって，摂食を促進することができたであろう．線毛の動きはより効率的に食物小片をこの領域に運ぶことができ，そこで食物を細胞によって吸収することができたであろう．一度陥入が生じると，それがどのように球全体を横切って伸長し，反対側と融合し，連続的な腸を形成し，内胚葉になるかを想像することは，あまり難しくな

い．進化の後の段階で，腸と外側上皮の間へ移動する細胞は，中胚葉になる．原腸形成は，進化を通じて発生様式が変化してきたことのよい例である．多くの異なる動物間で原腸形成のプロセスには相当な類似性があるが，一方，有意な差もある．しかし，これらがどのように進化し，進化の中間形がなぜ適応できたのかについては，わかっていない．

最後に，発生生物学を理解することの進化的発展について予想してみる．これまでの研究の進展には目を見張るものがあるが，細胞は複雑であり，すべてのタンパク質や相互作用している他の分子について理解するためには，まだ多くの学ぶべきことがある．あと50年もしないうちに，受精卵の遺伝子と構造の情報さえあれば，その生物がどう発生して将来どのような成体になるのかを確実に計算することができるようになるであろう．

用 語 集

アポトーシス(プログラム細胞死)　発生中に広く起こる細胞死の一種であるプログラム細胞死において,細胞は自殺するように誘導される.

位置情報　細胞がパターン形成の間に獲得する位置価.細胞はそれらの遺伝的背景と発生過程の歴史によってこの位置価を解釈して,それに応じて発生する.

遺伝子　染色体の DNA のうちタンパク質をコードしている領域.

インプリンティング　生殖細胞(卵と精子)の形成の間,細胞の由来(父または母)により異なる遺伝子が失活させられるプロセス.

エピブラスト　マウスやニワトリ胚における一群の細胞で,胚本体になる.

幹細胞　複数の分化した細胞タイプに発生する能力を保持している細胞.幹細胞は何度も分裂することができ,分裂でできる一つの娘細胞は幹細胞を維持し,もう一つの娘細胞は分化した細胞タイプになる.

形態形成　発生している胚で形態に変化をもたらすことに関連するプロセス.

原腸形成　動物の胚におけるプロセス.予定内胚葉および中胚葉細胞が胚の外面から内部へ移動し,それらは内部臓器を形成する.

細胞周期　細胞がそれ自体を複製して,二つの細胞に分かれる事象の繰り返し.

神経胚形成　脊椎動物におけるプロセス.将来の脳と脊髄になる外胚葉(神経板)が発生し,折りたたまれて,神経管を形成する.

全能性 新しい生物に発生する細胞の能力．

多能性 幹細胞がもつ能力で，たとえば胚性幹細胞が体のすべての種類の細胞を生じることができる能力．

調節 正常に発生する胚の能力．胚の一部分が除去されるか，再編成されるときにはたらく．

転写因子 遺伝子から mRNA に転写を開始するか，転写を調節することに必要な調節タンパク質の転写因子は，細胞の核内で，DNA の特異的な調節領域と結合することによって作用する．

パターン形成 発生している胚の細胞が特性を得，秩序立った空間パターンを形成するプロセス．

変態 幼生が成体に変換するプロセス．それは，形態の根本的な変化を含み，たとえばチョウにおける翅，カエルにおける四肢といった新しい器官が発生する．

***Hox* 遺伝子** 転写因子をコードし，パターン形成に関連する．

メリステム 未分化な，分裂している細胞のグループ．植物の成長している先端で維持される．それらは，新芽，葉，花，根といったすべての成体構造を生じる．

モルフォゲン（形原） どのような物質でもよいが，パターン形成をする活性があり，その空間的濃度が変化し，それに対して細胞が異なる閾値濃度で異なって反応するような物質．

誘導 一つのグループの細胞がもう一つのグループの細胞に信号を送って，それらが発生する方法に影響を及ぼすプロセス．

卵割 受精の後，成長を伴わない一連の急速な細胞分裂により，胚を多くの小細胞に分割すること．

参考文献

L. Wolpert and C. Tickle, "*Principles of Development*, 4th edition", Oxford University Press, 2010（邦訳：武田洋幸，田村宏治 監訳，『ウォルパート発生生物学』，メディカルインターナショナル，2012 年）.

J. M. Slack, "*Essential Developmental Biology*, 2nd edition", Wiley-Blackwell, 2006（邦訳：大隅典子 監訳，『エッセンシャル発生生物学』，羊土社，2002 年）.

木下圭, 浅島誠 著，『新しい発生生物学―生命の神秘が集約された「発生」の驚異』，講談社ブルーバックス，2003 年.

S・ギルバート, D・イーペル 著，正木進三，竹田真木生，田中誠二 訳，『生態進化発生学―エコ-エボ-デボの夜明け』，東海大学出版会，2012 年.

G・シェーンウルフ, P・R・ブラウアー, P・H・フランシス＝ウェスト, S・B・ブライル 著，仲村春和，大谷浩 訳，『カラー版 ラーセン人体発生学 第 4 版』，西村書店，2013 年.

東中川徹, 西駕秀俊, 八杉貞雄 編集，『ベーシックマスター 発生生物学』，オーム社，2008 年.

図の出典

下に挙げたもの以外は，L. Wolpert, C. Tickle 著，*"Principles of Development, 4th edition"*（Oxford University Press, 2010）による．

図2
From Kessel, R. G. and Shih, C. Y., *Scanning Electron Microscopy in Biology: A Student's Atlas of Biological Organization* (1974). Reproduced with kind permission from Springer Science + Business Media

図4
After Tjian, R., 'Molecular Machines that control genes', *Scientific American* 272, 54–61 (1995).
Image © Dana Burns-Pizer

図7
http://www.rubegoldberg.com/gallery#
© Rube Goldberg

図12
After Scheres, B. et al, 'Embryonic origin of the Arabidopsis Primary root and root meristem initials,' *Development* 120, 2475–2487 (1994). Adapted with permission

図24
After Bryant, P. J., 'The polar coordinate model goes molecular', *Science* 259, 471–472 (1993). Reprinted with permission from AAAS.

図29
From Harrison, R. G. *Organization and Development of the Embryo* (1969). © 1969 Yale University Press

索引

BRCA1 75
DNA 3, 13〜19
　――の化学修飾　81, 84
　――の損傷　141〜144
ES 細胞（胚性幹細胞）　25, 33, 85, 94〜96
Fbx15 97
FGF（線維芽細胞増殖因子）108
Hox 遺伝子　32〜33, 40〜41, 45, 161〜166
iPS 細胞　6, 96〜99
IVF（体外受精）　74〜75, 96
myoD 82
p53 141〜142
Pax6 113
Prod1 151
P 顆粒　44
RNA 14〜15, 34, 44〜45, 90
SRY 75
VEGF（血管内皮増殖因子）116
X 染色体不活化　78

あ 行

アクチン　82
肢　103〜110, 136〜137, 148〜151, 165〜166
アニマルキャップ　62
アフリカツメガエル　8
アポトーシス（プログラム細胞死）43, 90, 107, 135, 139, 141〜142
アミノ酸　13〜15
アリストテレス　2
アンゲルマン症候群　72
アンテナペディア　112
移植前診断　74〜75
一次間充織　59〜61
位置情報　101
一倍体　69
一卵性双生児　3, 19〜20, 25
遺伝子　13〜20
　発生に関連する――　18〜20, 43
　――の重複　163〜164
　――発現　81〜85
遺伝子サイレンシング法　34
遺伝子量補償　78
遺伝病　75
イーブン-スキップト2　39〜40
イモリ　4, 148〜151
インスリン　71, 96, 145
インテグリン　56
インプリント　→刷り込み
ウーシェル　49
ウニ　3, 59, 61, 73

ウマ　166〜167
栄養外胚葉　25
エクジソン　140
エピジェネティクス　85
エピブラスト（胚盤葉上層）　24, 27〜28, 63
エンハンサー　15, 84
オーガナイジング・センター（形成中心）　27
オーキシン　49, 51

か行
外胚葉　8〜10, 24, 59, 62〜65, 103〜105, 113, 121〜122
カエル　6, 8, 24, 26, 63, 68, 91〜92, 122
カドヘリン　56
ガードン，ジョン・バートランド　97〜98
鎌状赤血球貧血症　87〜88
がん　140〜143
感覚器　129
幹細胞　6, 49〜50, 85, 93〜99
肝臓　30, 136, 147
器官　8, 101〜120, 136
気管系　115
擬体節　36〜40
胸腺　136
極性化域　104〜107, 154
筋肉　82〜83, 88〜90, 131, 148〜149
グリア　121, 127
クリスタリン　113, 167
クリュペル　40
クローン化　92〜93
形原　→モルフォゲン
形成中心（オーガナイジング・センター）　27
形成法のプログラム　17〜18
形態形成（パターン形成）　16, 53〜66
形態調節　148
頸椎　164
血管系　115〜116
血管内皮増殖因子（VEGF）　116
ケラチン　82, 88
原形質連絡　45
原口　9, 63
原条　27〜28, 63, 85
減数分裂　69〜70, 76, 79
原腸　60
原腸形成　9, 24, 27, 38, 41, 53, 59〜63, 121, 170
——の進化　169〜170
虹彩症　113
後成説　2
骨格　9, 31, 88〜89, 103, 121, 135, 165〜166
骨髄移植　86
コドン　14

さ行
再生　147〜155
再生医療　6, 85, 94
再生芽　149〜150
細胞骨格　53, 55
細胞周期　141
細胞接着因子　56
細胞増殖　134〜138
細胞分化　81〜99, 142〜143
細胞壁　66
細胞補充療法　96〜97
左右軸　30〜31
左右相称動物　162
サリドマイド　109
サンショウウオ　136〜137, 147〜148

軸索　123〜126, 128〜131, 152
シグナル　20〜21, 83
シグナル伝達　20
始原生殖細胞　69
自己組織化　107
視細胞　129
思春期　70, 135, 139
糸状仮足（フィロポディア）　55, 59〜61, 128
視神経　129
シナプス　123, 125, 131
脂肪細胞　139〜140
ジャイアント　40
収縮　53〜55
収斂伸長　60〜63
受精　1〜7, 17〜18, 24, 27, 36, 43, 47, 67, 73
シュート　46〜51, 117
シュペーマン・オーガナイザー　5, 28, 63, 122, 154
シュペーマン，ハンス　4
寿命　144〜145
腫瘍　75, 97, 116, 140〜143
腫瘍抑制遺伝子　141〜142
シュワン細胞　121
ショウジョウバエ　→ハエ
植物　45〜51, 117〜120
植物極　26〜27
シロイヌナズナ　6, 46〜51, 117〜119
進化　5, 16, 35, 123, 141, 144, 153, 157〜170
神経管形成　10, 29〜30, 64〜65, 121
神経系　121〜131
神経伝達物質　125
神経板　30, 64〜65, 121
心臓　30, 48, 116〜117, 135, 147
水晶体　149

膵臓　96, 136
刷り込み（インプリント）　68, 71〜72, 92
性器　77
精子　27, 43〜44, 71〜74
精子侵入　27, 43〜44
生殖細胞　3, 33, 67〜79, 92, 144〜146
静水圧　66
性腺　68〜69
性染色体　75〜76
成長円錐　126, 128
脊索　9〜11, 28〜31
脊髄　10, 23, 28, 30, 121, 127〜128
赤血球　16, 82, 86
接着　53〜59, 64
ゼブラフィッシュ　6, 26, 147, 165〜166
線維芽細胞　82〜83, 88
線維芽細胞増殖因子（FGF）　108
前後軸　23, 25, 27, 30, 31, 36〜44, 60〜63, 103, 106〜107, 127〜128
線虫　41〜45, 68, 78, 84, 90
センモウヒラムシ　162〜163
前立腺がん　75
造血幹細胞　86
挿入　62, 152
ソニックヘッジホッグ　104, 127, 166

た 行
体外受精（IVF）　74〜75, 96
体節　9〜11, 28〜29, 31〜32, 36〜41, 158
ダーウィン，チャールズ　158
ダウン症候群　70

索 引　　179

多能性　25
タンパク質　13〜17
中胚葉　8〜10, 24, 59〜63, 123
チューリング，アラン　108
調節　3〜4, 11, 17, 28, 87
調節的発生　41
調節領域　14
頂端－基底軸　47〜49
チョウ　110〜111
テストステロン　75〜76
デフォルトモデル　122
デボン紀　165
テロメア　145〜146
転移　140, 143
転写　14
転写因子　14〜15, 84
糖尿病　96, 134, 139
頭部形成　154〜155
動物極　26
ドーサル　37〜38
突然変異　15〜16, 19, 33, 41, 45, 157
ドブジャンスキー，テオドシウス　157
トポグラフィックマップ　129
トランスジェニック動物　33
ドリー　92
ドリーシュ，ハンス　3
ドリーシュの実験　3〜4, 25
トリソミー　70

な　行
内臓逆位　30
内胚葉　8〜10, 24, 59〜63
内皮細胞　115
内部細胞塊　25, 33, 85
二次間充織　60〜61
二倍体　69
乳がん　75

ニューコープ・センター　27
ニューロン　121〜131
ニワトリ　6〜7, 24, 27〜30, 69, 103〜107, 122, 127〜131, 137, 164
ヌクレオチド　13〜16
脳　10, 23, 28, 30, 113, 121, 125, 129
嚢胞性線維症　74
ノギン　122

は　行
葉　46〜51, 117
胚　1
配偶子　70
胚軸　48
胚珠　47, 79
胚性幹細胞　→ES細胞
胚乳　79
胚盤胞　33
胚盤葉上層　→エピブラスト
背腹軸　23, 25〜27, 30〜31, 36, 37〜38, 44, 103, 127〜128
胚葉　8
ハウスキーピング活動　16
ハウスキーピングタンパク質　82
ハエ　6, 35〜40, 68〜69, 84, 110〜112, 138〜139
パーキンソン病　96
パターン形成（形態形成）　16
発芽　47
白血病　143
発達障害　72
花　45, 47, 50, 117〜120
ハンチバック　37, 38, 40
パンデリクティス　165
反応-拡散の原理　107〜108
ピグミー　135

ビコイド 37〜38, 40
ヒドラ 68, 147, 152〜155
皮膚 8, 31, 85, 88, 108
ヒポクラテス 1
肥満 139
フィンチ 158
付加形成 148
プラダーウィリ症候群 72
プラナリア 147
フランス国旗モデル 101, 102
プログラム細胞死（アポトーシス） 42〜43, 90, 107, 135
分節構造 158
ヘイフリック，レオナルド 145
ベックウィス-ウィーデマン症候群 72
ヘモグロビン 16, 82, 86〜88, 163
ヘンゼン結節 27〜29, 122
変態 36, 140, 167
放射卵割 58〜59
胞胚 8, 10, 24, 58, 63
胞胚オーガナイザー 27
母性決定因子 25
ボディプラン 9
ホメオティックな変異 41
ホメオボックス遺伝子 32
ホルモン 36, 75〜76, 134, 138, 140
翻訳 14

ま 行

マイオ D 遺伝子（*myoD*） 82
マイクロ RNA 15, 44〜45
マウス 6〜7, 25, 33, 63, 69, 73, 78, 93〜96, 103, 136, 143〜145, 164
マクロファージ 88, 90, 94

マラリア 88
マンゴールド，ヒルデ 4
ミオシン 82
ミトコンドリア 72〜73, 168
無性生殖 68, 153
眼 112〜114, 129〜131, 149, 167
メッセンジャーRNA 14
メリステム 46〜51, 117〜120
免疫 86, 88, 93, 96
網膜 129〜131
モザイク的発生 41
モデル生物 7
モルフォゲン（形原） 37, 41, 49, 102〜103
モルホリノ・アンチセンス RNA 34

や 行

山中伸弥 97〜99
有性生殖 67
誘導 4, 122〜123
誘導多能性幹細胞（iPS 細胞） 96〜99
葉原基 50
幼生 167
予定運命図 10, 43, 48, 111

ら・わ 行

らせん卵割 59
卵 1〜3, 70〜74
卵黄 24, 26, 59, 63, 70
卵割 7〜8, 24, 44, 58
卵巣がん 75
卵母細胞 70〜71
リプレッサー 84
輪体 117〜119
レチノイン酸 151
老化 67, 143〜146
ワイスマン，アウグスト 3

原著者紹介
Lewis Wolpert（ルイス・ウォルパート）
ロンドン大学名誉教授．発生生物学の基礎を築いた第一人者であり，同分野のスタンダードテキストなどを執筆している．

訳者紹介
大内　淑代（おおうち・ひでよ）
岡山大学大学院・教授．博士（医学）．専門は細胞組織学，発生学．共訳書に『マウス表現型解析』（メディカルサイエンスインターナショナル）がある．

野地　澄晴（のじ・すみはれ）
徳島大学大学院・教授．理学博士．専門は発生工学．共著書に『発生と進化』（岩波書店），共訳書に『DNAから解き明かされる形づくりと進化の不思議』（羊土社）などがある．

サイエンス・パレット 007
発生生物学 ── 生物はどのように形づくられるか

平成 25 年 7 月 30 日　発　行

訳　者　　大　内　淑　代
　　　　　野　地　澄　晴

発行者　　池　田　和　博

発行所　　丸善出版株式会社
〒101-0051　東京都千代田区神田神保町二丁目17番
編　集：電　話（03）3512-3265／FAX（03）3512-3272
営　業：電　話（03）3512-3256／FAX（03）3512-3270
http://pub.maruzen.co.jp/

© Hideyo Ohuchi, Sumihare Noji, 2013

組版印刷・製本／大日本印刷株式会社

ISBN 978-4-621-08689-6 C0345　　　　　Printed in Japan

本書の無断複写は著作権法上での例外を除き禁じられています．